AF325890

REVUE

AGRONOMIQUE.

PARIS. — IMPRIMERIE DE CASIMIR,

rue de la Vieille-Monnaie, n° 12.

REVUE AGRONOMIQUE,

OU

EXAMEN DE QUELQUES QUESTIONS

QUI INTÉRESSENT L'AGRICULTURE,

TELLES QUE LES JACHÈRES, LES PRAIRIES NATURELLES,
LES ASSOLEMENS, ETC.;

PAR M. J.-B. ROUGIER,

BARON DE LA BERGERIE,

Membre de l'Institut de France, de la Légion-d'Honneur, des Géorgiphiles de Florence, de l'Institut de Bologne, des Académies de Dijon, Troyes, Lyon, Rouen, Bourg, Caen, Autun, Châlons - sur - Marne, Cambrai, Montauban; fondateur du Lycée de l'Yonne; ancien membre des Comités d'agriculture et de commerce de l'Assemblée législative, du Conseil d'agriculture et des arts du ministère de l'intérieur; auteur de plusieurs ouvrages sur l'économie rurale et politique, et d'un Cours d'agriculture pratique de 1819 à 1822.

❖

PARIS.

ROUSSELON, LIBRAIRE-ÉDITEUR,

RUE D'ANJOU - DAUPHINE. N° 9.

1830.

AVIS DE L'ÉDITEUR.

La Revue Agronomique devait paraître mensuelle-
ment : cette publication est suspendue. Dans cette circonstance l'Éditeur a cru devoir réunir les six numéros parus
sous un titre commun, afin de pouvoir offrir au public la
doctrine de l'auteur sur les trois principales questions de
l'agriculture, les jachères, les prairies artificielles et les
assolemens.

L'Éditeur rendra aux souscripteurs pour l'année entière le
montant de leur abonnement pour les six derniers mois de
1830 ; ceux qui n'ont pas encore payé sont priés d'acquitter les six premiers mois.

TABLE DES MATIÈRES.

REVUE AGRONOMIQUE.

INTRODUCTION.

AYANT consacré toute ma vie à l'étude et aux progrès de l'agriculture, qui est, spécialement pour la France, la base de toute prospérité, j'avais dans ce dessein entrepris et heureusement achevé un Cours d'agriculture pratique, depuis 1819 jusqu'en 1822 : il contient 8 volumes in-8°.

Dans un intervalle de dix ans, il y a eu nécessairement, dans la science et l'art agronomiques, des inventions, des progrès, des perfectionnemens qui sont restés inconnus ou contestés, et en même temps des erreurs plus ou moins graves, demeurées inaperçues ou sans réfutations. Il y en a plusieurs qui se rapportent aux causes les plus essentielles et les plus actives de l'amélioration des cultures, et, par leurs conséquences, au commerce, à l'industrie et même au crédit public.

Ma première pensée avait été de faire une édition nouvelle de mon Cours général ; plusieurs invitations m'en ont été faites par des agronomes que j'honore et que j'estime ; mais après y avoir bien réfléchi, j'ai pensé qu'il serait plus utile et même plus agréable, à ceux qui possèdent mon Cours, de leur offrir un tableau nouveau de tout ce qui s'est fait et dit depuis dix ans dans l'ordre des choses qui se rapportent à l'agriculture et à l'économie rurale domestique. J'y trouverai souvent l'occasion de reprendre des questions importantes, sur lesquelles on n'est point encore d'accord, et dont l'indécision est infiniment nuisible à l'art agricole, à la législation rurale, ainsi qu'aux transactions industrielles ou commerciales.

Il est affligeant, et il m'est très-pénible de faire observer qu'au dix-neuvième siècle, on raisonne encore sur l'agriculture avec une divagation extrême, quand la science vraie des cultures diverses ne s'appuie que sur des faits, c'est-à-dire sur l'expérience que suggèrent aux agriculteurs le cours de leurs travaux annuels ou périodiques, la température, le climat et la diversité des terrains. Il ne s'agit plus, en effet, d'établir ici les principes de premier ordre pour obtenir des moissons, mais il importe beaucoup de s'expliquer sur des systèmes ou méthodes qui sont livrés à de tristes controverses, et qu'on adopte ou repousse avec une assurance positive, et quelquefois même avec aigreur.

Il est de fait qu'il y a eu en France, sous Charles V et sous Henri IV, une agriculture mieux entendue que sous Louis XIV ; car, sous ce rapport, c'est un des règnes les plus malheureux. Il prouve que les grands colléges de science, qu'on nomme académies, loin de favoriser l'agronomie et d'éclairer les hommes qui en font leur étude, ont au contraire, et constamment jusqu'à ce jour, dédaigné de s'en occuper ; on ne pourrait en effet citer un seul auteur qui ait laissé un ouvrage digne de celui d'Olivier de Serres, et, parmi les hommes du gouvernement, un seul qni ait agi et pensé comme Sully.

Je prierai même le lecteur de comparer les temps où vivait ce ministre à ceux actuels qu'on offre à l'admiration par le concours des prés artificiels et le fatal système des stabulations ; alors cependant le pâturage vif était un usage général dans le royaume, et Sully disait qu'il était une des deux mamelles de l'État.

Il en a été tout autrement de l'industrie, elle a toujours agrandi et embelli sa carrière. Il n'y a jamais eu de pas rétrogrades, mais toujours des progrès étonnans ou admirables ; en moins d'un siècle, la navette des tissus, qui était massive et traînante, est devenue légère et volante. Voici déjà une différence notable entre les agriculteurs et les industriels : c'est que les premiers ont été accablés à la fois par la féodalité, par le clergé et par le fisc, quand les seconds, libres dans l'essor de leur génie, ont été favorisés par le gouvernement, par la cour et par les riches. C'est donc une grande et noble tâche de chercher aujourd'hui à concilier, par la science et par les lois, les intérêts des producteurs de matières premières et ceux des industriels ; mais pour atteindre ce double but, il faut se mettre en état de pouvoir établir les justes différences des climats, des terrains, des abris et des eaux.

Le plus grand vice de notre système général, en agriculture, a été d'en soumettre constamment les pratiques les plus usitées aux gloses de la théorie scientifique, qui, depuis un demi-siècle, s'est fait une sorte de gloire ou de point d'honneur d'attaquer sans cesse la pratique générale effective, et de faire scission avec elle, en la stigmatisant du titre banal de *routine*. Ce n'est pas seulement une erreur, ou un travers relativement à l'agriculture ; c'est encore un fléau. Pour s'en convaincre, il suffit de savoir que, parmi ceux qui se font les directeurs et les conseillers dans l'art de cultiver, on ne voit que des Parisiens, ou des hommes qui n'ont point quitté Paris depuis quarante à cinquante ans, et beaucoup d'autres qui n'ont jamais cultivé pour leur propre compte ; tandis qu'il ne peut y avoir de vrais agriculteurs que ceux qui ont mis la main à l'œuvre, pour tirer des revenus de leurs terres, ou pour s'ouvrir quelques spéculations avantageuses.

A ce premier malheur, il faut joindre celui d'avoir eu des ministres encore plus étrangers aux ruralités, et réduits à suivre aveuglément les avis ou rapports de leurs chefs de division, sortis les uns et les autres, par succession de temps, du triste noviciat de la bureaucratie. Que le lecteur se rappelle seulement ceux qui, depuis 1792, ont été ministres de l'intérieur ; qu'il se rappelle également ceux qui ont occupé le ministère des finances.

Quel ministre de l'intérieur pourrait-on nommer dont les antécédens, jusqu'à ce jour, aient offert du moins quelque garantie d'une science relative, acquise par l'expérience, et dont les travaux aient inspiré la confiance qui suit toujours ceux que la pratique a éclairés ? Il faut en dire autant des hommes qui, au ministère des finances, ont intrépidement entrepris la direction du cadastre pour soumettre à leurs vues, toutes fiscales, le vaste terre-plein du royaume, et sur lequel on a vu commander aux agens du fisc, absolument étrangers aux pays qu'ils avaient à exploiter, la marche la plus fausse et les principes les plus funestes. Dans les ordres ou instructions qu'ils recevaient, ils devaient, sous peine de destitution immédiate, tenir les évaluations des produits très-élevées, afin d'en faire ressortir en tout temps une ample matière imposable. Il n'est que trop démontré que le cadastre parcellaire, tel qu'il a été ordonné et suivi, a porté des coups subits et décourageans aux améliorations des cultures, et en même temps aux transactions entre les propriétaires fonciers ; il est de fait qu'on a poussé les investigations jusqu'à prendre connaissance des actes dans les dépôts des familles, afin de s'assurer du prix des ventes et des baux. Dans cet état de choses, les capitalistes ont donné d'autres destinations à leurs fonds, et faute d'emprunts légitimes sur hypothèques, les propriétaires se sont trouvés livrés aussitôt aux implacables usuriers.

La chambre des députés, avertie enfin de ce désastre et des cris que ce cadastre excitait, a cessé de le comprendre au budget; mais, par une bizarrerie qui lui fait peu d'honneur, elle a néanmoins laissé la faculté aux conseils généraux de le continuer, comme si les fonds votés par eux ne provenaient pas des contribuables. Cependant il est démontré que ce genre de cadastre, tel qu'il a été ordonné, est inextricable, abusif et dangereux pour l'agriculture, en ce qu'il surévalue les produits les plus éventuels; en ce qu'il admet une fixité et une pérennité de taxations et de classes pour des choses qui, de leur nature, sont essentiellement mobiles, ou tout-à-fait improductives, et trop souvent hors du droit des taxes; en ce qu'il frappe d'impôts annuels des produits qui sont si souvent fautifs, ou qui ne peuvent être dévolus qu'après un long intervalle; en ce qu'il est de toute impossibilité, même avec le secours de plusieurs commis, d'établir régulièrement les mutations qui se font par ventes, partages ou successions ; en ce qu'enfin la vigne, que le cadastre aura surprise, devra payer indéfiniment *la taxe de vigne*, même après avoir été mise en labour ou abandonnée.

Il faut croire que, dans un État aussi éminemment agricole que la France, l'administration des ponts et chaussées avait été instituée pour bien servir les intérêts de l'agriculture : telle était la pensée du gouvernement du roi aux temps des Turgot, des Bertin et des Lamillière, et celle des administrations des pays d'états et des assemblées provinciales. Dans ces temps, on ne négligeait pas la viabilité des chemins vicinaux : le Languedoc et le Berry, l'Artois et la Bourgogne en sont encore des preuves effectives. Mais, comme pour les ministères, il y a eu des promotions, qu'on peut bien dire abusives et frustratoires, car les choix n'ont porté à la direction générale des ponts et chaussées, que des hommes absolument étrangers à cette partie si essentielle de l'administration publique; quand, de toutes les attributions, c'est celle qui exige le plus de connaissances des localités pour les confondre dans l'intérêt général, et pour en combiner les influences sur tous les mouvemens des denrées et des matières premières propres aux fabrications. Aussi qu'est-il arrivé de ce désordre? c'est que les routes ont été livrées partout à des jeunes gens sans expérience ; les chemins vicinaux ont été relégués dans les ressorts passifs des conseils généraux, de ceux d'arrondissemens, plus passifs encore, et abandonnés aux conseils municipaux. On pourrait citer des départemens où il y a eu des rôles de communes pour les prestations en nature, dont le montant était à peu près celui de la contribution foncière, et notamment celui de la Haute-Garonne.

Sous le rapport de la direction des ponts et chaussées, tout est à refaire ; l'esprit de corps des ingénieurs est un obstacle à toute amélioration dans le système ; car il ne suffit pas d'être géomètre ou mathématicien, il faut encore avoir l'expérience de tous les travaux élémentaires, et être en état de juger de l'utilité des entreprises, dans leurs rapports avec le service public. Il est très-important surtout de prévenir le retour des corvées sous le titre de prestations, qui ne peuvent être légitimes et utiles que sous les auspices des conseils municipaux, élus librement par les administrés propriétaires et les plus intéressés à la confection des chemins vicinaux.

La France n'a pas été plus heureuse pour les canaux ; on en a ordonné avant de savoir si les eaux, aux points de partage, pouvaient suffire : le canal de Bourgogne et celui de l'Ourcq sont deux grands exemples de cette imprévoyance. Il y a eu pendant cinq ans une sorte de fièvre financière pour des canalisations ; les programmes en étaient magnifiques, et ces spéculations ont prévalu sur toutes les autres ; on voyait toujours associés dans ces entreprises les plus riches capitalistes en renom, qui n'y figuraient au surplus que pour attirer des actionnaires. Les actions bientôt se vendaient à la Bourse, et se trouvaient cotées dans le grand vocabulaire de l'agio : cette ferveur a été telle, qu'il a été question sérieusement de faire de Paris un port de mer.

Nous venons de signaler les abus qui existent dans l'organisation du ministère; il nous reste maintenant à offrir la revue des choses qui constituent notre agriculture.

Nous mettrons en première ligne les questions des *jachères*, celle des prairies artificielles, et conséquemment celle des assolemens, sur lesquelles les sociétés d'agriculture, et surtout les amateurs, ont fait depuis vingt-cinq ans tant de vains discours, sans s'occuper, ni les uns ni les autres, des réalités qu'on attribue ou conteste à chaque système. Il est très-remarquable que le cri de guerre contre les jachères n'ait été donné que par la théorie, quand les juges les plus aptes sont manifestement les hommes de la pratique et de l'expérience. Le simple sens commun devait du moins porter les partisans de l'abolition des jachères à mettre, en expérience de fertilité, un sol sur lequel s'étaient passées plusieurs années de jachères herbeuses, comparativement avec un sol de même étendue et nature, maintenu en état de labours consécutifs et de cultures des plantes qu'on signale pour être fréquemment sarclées. Il fallait établir le calcul des produits d'une jachère soumise au pâturage, avec les produits et les dépenses sur un sol tenu en état de culture perpétuelle. Il fallait mettre en expérience les bénéfices donnés par un pâturage vif pour les bestiaux, avec ceux des productions sarclées, et en déterminer les dépenses par les façons, par les engrais et par les frais de moissons. Il fallait, dans une telle expérience comparative, examiner et juger ensuite si le blé froment obtenu sur une jachère pacagère, après cinq à sept ans, n'avait pas plus de qualités, de prix et de quantités, que celui qu'on avait obtenu dans un ordre d'assolement soumis à des plantes annuelles.

Quant aux prairies artificielles, il y a eu un engouement, un enthousiasme général pour les admettre dans notre système d'agriculture, et ce signal encore a été donné par la théorie ; je n'en excepte pas Gilbert, qui n'était point agriculteur ; il fallait aussi les soumettre à des expériences, chacune dans leur genre ou espèce. La première à faire était de savoir si le terrain s'enrichit ou s'amende aussi réellement par elles, que par les jachères herbeuses : un tel motif était digne d'occuper de vrais agronomes ; il devait leur être suggéré par tous les hommes de la pratique dans les pays de petite culture, où les colons partiaires et les propriétaires, malgré tous les beaux discours de la théorie passés à la filière des ministres, restent irrévocablement attachés à l'usage des jachères à herbes vives.

Il n'était pas difficile de mettre en expérience deux pièces de terre, toutes choses égales d'ailleurs, dont l'une aurait été tenue en trèfle, luzerne ou sainfoin, et l'autre en pâturage vif, et d'en comparer les résultats positifs.

La seule observation sur la composition des herbes vives dans une jachère, où il s'en trouve souvent quinze à vingt espèces différentes infiniment plus substantielles et fournissant beaucoup de détritus, soit par elles-mêmes, soit par les insectes qui les recherchent, devait déjà donner l'éveil sur cette expérience ; et engager à les comparer avec les plantes de prés artificiels, qui ne sont rigoureusement que d'une seule espèce, et dont les tiges, pour chacune, s'élèvent à une grande hauteur, avant que les feuilles se détachent des premières articulations. Est-il nécessaire de faire observer que ces plantes ne peuvent être même comparées avec celles des prés naturels?

Une grande considération devait du moins faire hésiter les théoriciens savans ou hommes d'État : c'est celle de fait, que la multiplication des bestiaux, qui font la richesse de la France et l'appui de la véritable agriculture, ne provient que des pays à jachères vives, c'est-à-dire des pays dits de petite culture ; c'est encore un fait, que les meilleures races de chevaux proviennent des pays à pâturages vifs ; le Limousin, la Normandie, la Franche-Comté, le Morvan sont donc inconnus aux amateurs de la stabulation et aux hommes du gouvernement ?

Il ne faut pas être un habile physiologiste ou agronome, pour savoir que les foins des bons prés naturels sont infiniment plus substantiels que les fourrages des prés artificiels, dont les tiges médullaires sont sans substance, et d'ailleurs très-âcres. Voit-on élever, nourrir et engraisser des herbivores avec du trèfle, de la luzerne et du sainfoin ? Voit-on les marchands de chevaux employer de ces fourrages, que dédaignent, non par préjugés, mais par raisons positives, les rouliers et tous les cochers, ceux même des fiacres de Paris ?

Il est de fait encore que, dans les premiers temps de l'introduction des plantes dites artificielles, tous les livres ont annoncé que les luzernes duraient quinze à vingt ans ; tandis qu'aujourd'hui elles sont vieilles à la troisième ou quatrième année ; n'en faut-il pas tirer la conséquence qu'elles épuisent vivement le sol ? Il est de fait au surplus que les moins mauvaises sont celles qui se garnissent le plus de graminées; ce sont celles aussi qui se vendent le plus cher.

Que la question des prairies artificielles occupe de vrais agriculteurs, qu'ils jettent seulement un coup d'œil sur une botte de trèfle au mois de mars; qu'ils sentent l'odeur qui s'en exhale, et qu'ils la comparent au parfum vrai et franc d'une ration de bon foin de prairie naturelle, et, dans peu d'années, on reconnaîtra que le plus grand avantage de ces prairies, c'est d'offrir dans la belle saison du fourrage vert à faire consommer sous les toits par les bêtes à cornes; car il serait absurde du reste, de mettre ainsi au vert des chevaux fatigués.

La question des assolemens accuse seule et condamne la théorie; pour s'en convaincre, il suffit de considérer tous les systèmes qu'on a débités sur ce sujet, et dont les époques, comme les modes, varient depuis 4, 5, 7, 15, et jusqu'à 27 années. Il en est de même des modes annoncés et prônés : chaque auteur se donne d'excellentes raisons pour faire adopter son assolement. Pour en bien juger, il suffit d'avoir les premières notions de la physiologie végétale. Elle doit dire à tout homme non borné que le sein de la terre, comme tous les autres seins, s'épuise toutes les fois qu'on lui impose de produire sans relâche du grain ou des fruits; ou, en d'autres termes, qu'un sol est moins épuisé quand il ne produit que des foins ou des tiges à couper en vert; mais que si, par exemple, on laisse monter en graines le colza, le lin, le blé noir, la terre s'en épuise avec un excès sensible, et qu'on ne peut réparer cette déperdition qu'à force d'engrais ou de fumier des étables.

La vaine et fatale théorie dont François de Neufchâteau s'était fait le grand-prêtre ou l'apôtre, a cru avoir découvert la pierre philosophale, en soumettant la terre à produire tous les ans de riches moissons nouvelles. On croit avoir frappé d'un grand signe de réprobation le mot de *repos*, qui porte les vrais agriculteurs à suspendre le cours des moissons céréales; ce mot cependant est de toute raison, même physique : dans le doute, l'expérience en démontre la réalité; mais en supposant quelques sols privilégiés, qui admettent une succession non interrompue de cultures diverses, il faudrait encore savoir s'il y aurait du bénéfice à le faire; car l'agriculteur ne produit que pour consommer ou pour vendre; dans ce cas, il y a une foule de choses qui n'en sont pas susceptibles.

Tous les théoriciens, à la tête desquels il faut placer M. Yvart, se réduisent à prescrire un assolement quadriennal, qui n'a pas plus de mérite que les autres modes; car parmi les plantes indiquées pour les années intercalaires, il y en a qui sont épuisantes ou hors du commerce, comme denrées. Tout ce fracas de phrases et de systèmes sur les assolemens a cependant pour cause et pour auteurs des amateurs étrangers, tels que Arthur Young, Coke, Fellemberg, Tshifely, Thaër : ce dernier toutefois mérite une exception; mais les préceptes qu'il donne et qu'il suit ne nous sont pas plus applicables, que les conseils de Knith et de Sinclair pour nos arbres à fruits et pour nos lois rurales. N'est-il pas singulier et même déplorable de voir nos faiseurs d'agriculture à la plume, nous donner pour modèles des savans de l'Angleterre et de l'Allemagne, quand la seule différence des climats impose nécessairement des modes différens! il est de fait pourtant que l'assolement quadriennal que l'agriculture parisienne met en vogue aujourd'hui, nous vient directement d'Angleterre et d'Allemagne : ajoutons pour dernier mot à nos Triptolèmes de Paris, qu'en insistant si vivement pour faire adopter ce genre d'assolement étranger, ils se mettent en contrariété ou en opposition avec notre législation rurale existante, qui admet presque partout des baux de trois, six et neuf ans, dans le cours desquels ils n'auraient ainsi que *deux moissons* de blé froment, ce qui ne peut convenir aux pays de grande culture, où le blé froment est le plus essentiel et le plus constant produit des fermiers. Le gouvernement, il est vrai, aurait dû y penser pour eux; mais il est lui-même si obséquieux pour les hommes de la science, qu'il se croit dispensé d'en avoir et de s'en occuper.

Nous élèverons plus haut nos considérations sur les influences des eaux et des forêts, relativement à la température, à la salubrité et au sort de nos divers territoires dans l'avenir. Nous nous abstiendrons de tout système, pour n'offrir que des faits et des enquêtes positives; pour cette fois, la théorie, d'accord avec le gouvernement et l'agio, sape de nouveau l'avenir dans sa base et sa vie. Nous mettrons sous les yeux du lecteur la situation de la France donnée par l'ordonnance de 1669, avec celle de 1829, et l'on jugera qu'on ne peut aller plus vite en science et en gouvernement vers l'ère de la stérilité et de la misère.

Dans ces derniers temps, on a dit des choses justes et vraies sur la culture de la vigne; mais on a omis d'en parler sous le rapport du cadastre parcellaire, qui a voulu en faire pour le fisc une mine toujours ouverte. On a donné à cette culture une fixité indéfinie, et de telle sorte, qu'une vigne arrachée ou abandonnée reste toujours en taxation de vigne, ce qui, en matière d'impôt, est une exaction intolérable.

Nous ferons observer encore, relativement à la vigne, que la destruction des bois en France, force de recourir à l'étranger pour les *merrains*. La théorie sourit avec dédain à ces plaintes et à ces alarmes; car elle ne sait peut-être pas que, dans le commerce, pour la bonification des vins comme pour leur conservation, on exige absolument que le vin nouveau soit mis dans des tonneaux neufs. La théorie l'ignore; car elle regarde comme un préjugé cette exigence, et sans hésiter, elle conseille du merrain fait avec des bois de mûriers, de châtaigniers, de pins, de saules, d'acacias, de mélèzes, etc. La Bourgogne et le Bordelais, au surplus, ne sont point divisés d'opinions sur le point des tonneaux neufs, et même en bois de chêne (1).

Une même disette de bois propre à la marine afflige et alarme la France; il nous fallait un Code qui, pour l'avenir, fût digne de l'ordonnance de 1669; on nous en a donné une vaine et triste paraphrase. Pendant dix siècles, en France, on n'avait jamais séparé les eaux, des forêts; il était réservé à M. Favard de Langlade, cet homme des montagnes, d'abjurer la doctrine qu'invoquent à la fois la patrie et les sciences physiques;

---

(1) M. Chaptal, dans son Art de faire le Vin, n'en a pas fait la moindre mention.

mais, pour certaines gens, la postérité n'est qu'une abstraction : nous reviendrons avec plus de détails et de faits sur toutes ces questions.

L'acclimatement de plusieurs plantes exotiques offre aux agriculteurs comme aux horticulteurs de nouvelles richesses et de nouvelles jouissances. Il existe déjà une série de faits qui les fait espérer. En attendant l'ordre des applications spéciales, faisons observer aux vrais savans, qu'à mesure que les années et les siècles se déroulent sur notre globe, maintes plantes délicates des climats de la ligne trouvent plus d'accès ou de tendance à vivre et à prospérer, à ciel nu, sur notre sol. Les succès obtenus déjà sont une grande preuve de maints autres acclimatemens. Qu'il me suffise de nommer le coton, ce rival redoutable de nos laines, et dont les essais ont été heureux dans quelques départemens. Le maïs, la patate appellent l'acclimatement de la canne à sucre dans la Provence, dans certaines anses du Languedoc, et dans la Corse, où M. *de Pradt* l'a cultivée avec succès auprès de Bastia.

Quand les excès de température et des insectes attaquent ou détruisent les oliviers, la Société d'agriculture de Paris propose sérieusement et met *en prix* la culture de l'*œillette*, pour suppléer *à l'huile d'olive*, et cependant cette même société avait proclamé la culture de l'arachide, dont les essais ont été heureux dans tous les départemens du midi, et dont l'huile est aussi estimée en Espagne que celle d'olive. Le gouvernement voit passer tout cela sous ses yeux, et il y est aussi indifférent que s'il s'agissait du royaume d'Yvetot ou de celui de Siam.

Depuis cinquante ans, la théorie ne cesse de demander des fermes expérimentales, des écoles ou des chaires d'agriculture ; celle d'Anel, près Compiègne, aurait dû les désabuser ; mais le gouvernement lui-même écoute avec complaisance et faveur toutes ces propositions, surtout quand elles lui sont faites par certaines personnes. Pendant la révolution, des hommes mus par leurs intérêts propres avaient aussi fait établir des écoles d'agriculture à Versailles, à Sceaux, à Alfort, à Rambouillet ; toutes se sont effacées.

Dans ces derniers temps, épris de la plus vaine et de la plus fausse admiration pour l'école d'Hoffwil, dirigée par M. de Fellemberg, on a voulu en établir à Corbeil, à Vigné près Foix, à la Ferrière, département d'Ille-et-Vilaine, à Rorrey, département des Vosges, et tout récemment à Grignon, près Versailles. Le programme en est superbe ; cette école, en quelque sorte royale, doit être un séminaire d'agriculteurs. Le directeur, à son début, a semé cinquante arpens de blé-seigle pour servir en fourrages ; on peut juger par cela seul de ce que sera cette nouvelle école.

M. de Pradt aussi a voulu créer un institut agricole ; il offrira la centième preuve que l'art et la science de l'agriculture ne s'improvisent pas. Il est beau sans doute, après avoir joué un grand rôle, de vouloir se rendre encore utile et d'occuper ses loisirs avec dignité ; mais la diminution de ses capitaux l'avertira bientôt de ses illusions ; il lui sied bien mieux de traiter les grandes questions politiques. Sous ce rapport aussi, à son début, il a eu ses illusions ; mais il rachète très-bien les erreurs de sa vie passée par une noble indépendance, proférée avec une éloquente énergie. Déjà ses hautes pensées et prévisions s'accomplissent, et s'il n'est pas en ce moment un de nos Triptolèmes, il aura du moins la gloire d'être notre Calchas.

L'institut de Roville, dirigé par M. Mathieu de Dombasle, subit le sort des anciennes écoles; malheureusement pour lui, il a pris pour modèle celle de M. de Fellemberg, le plus faux ou le plus superficiel de tous les amateurs d'agriculture; il suffit, pour s'en convaincre, d'avoir observé sa marche et l'ordre bizarre de ses travaux. Il ne pouvait mieux terminer sa carrière, qu'en annonçant au monde qu'il venait d'établir, non loin d'Hoffwil, une colonie de jeunes Suisses, qui, comme de nouveaux Robinsons, devaient se suffire à eux-mêmes pour cultiver, pour se vêtir, construire des maisons, élever des bestiaux et s'organiser selon la morale et la religion, etc.

M. Mathieu de Dombasle, toutefois, entend mieux l'art de cultiver que M. de Fellemberg qui ne s'en doute pas; mais il a trop présumé que le ministère prendrait intérêt à son établissement, et il a eu le malheur de se mettre à l'œuvre sous l'amortissant M. de Corbière.

Au fond, ces instituts ne seront jamais utiles ou profitables; car, en supposant qu'il soit possible de rencontrer des hommes qui réunissent aux lumières de la théorie les connaissances de la pratique, et qui aient trouvé le moyen d'exercer sur un point une culture parfaite; ces mêmes hommes, transportés sur un autre lieu, n'y seront que des novices, parce que, dans un voisinage même immédiat, il faut absolument sonder et connaître la portée que la nature impose à chaque localité.

Comme M. de Fellemberg, M. Mathieu de Dombasle a élevé une fabrication d'instrumens aratoires nouveaux ; mais cela ne peut séduire que de vains amateurs. Les instrumens aratoires connus et pratiqués en France suffisent pour une très - bonne agriculture ; les charrues-taupes, les extirpateurs, les scarificateurs, les rayonneurs, les houes à cheval, les machines à battre les blés, à faner les foins , à hacher la paille, les semoirs, les herses à neuf socs, etc., peuvent divertir des hommes riches , parvenus par l'agiotage, mais la saine pratique les repousse, comme abusifs et frustratoires.

L'agriculture, en France , a beaucoup à se plaindre des abus introduits dans les écoles vétérinaires , dans lesquelles on n'a plus revu des Bourgelat, des Wicq-d'Azyr , et parmi les hommes du gouvernement, des Bertin et des Tourdonnet. A force d'avoir voulu les élever et les perfectionner , on les a désorganisées ; on leur impose une fastueuse et vaine scientification , qui les détourne du vrai but de l'institution. Au lieu d'y former de bons ferreurs , de bons maréchaux, on veut y faire des chimistes et des botanistes ; au lieu d'exercer les élèves sur l'anatomie comparée des chevaux , des bêtes à cornes et à laine, et de tous les animaux domestiques, on veut faire des *docteurs - médecins - vétérinaires;* au lieu des études pratiques sur tous les accidens qui frappent les animaux, on veut en faire des *professeurs* d'agriculture et d'économie publique ; mais pour rendre ces écoles utiles, il faut en simplifier l'organisation et l'enseignement ; on en diminuerait ainsi les dépenses, et on multiplierait les bons vétérinaires.

La France n'a point encore de Code rural : ce fait manifeste l'indifférence du gouvernement pour l'agriculture. Des légistes, dans les députations et la bureaucratie, prétendent que l'assemblée constituante en a laissé un ; mais ils ignorent donc que le rapport qui fut lu par M. de Lamerville, le dernier jour de la session, n'y a pas été mis en discussion ni en délibération ; que les bancs des députés étaient vides ; qu'à peine il eut le temps d'en lire seulement les titres : c'est un fait que je tiens de M. de Lamerville même. Il est vrai que ce prétendu Code a été porté à la sanction ; mais il suffit de se rappeler les temps, la position du roi et celle de son gouvernement, pour l'éliminer aujourd'hui de notre législation.

Le travail sans doute avait été discuté dans le bureau ; il convenait alors aux circonstances ; l'assemblée constituante avait elle-même déjà pressenti et déclaré la nécessité d'un nouveau Code rural ; mais quand ce prétendu Code aurait été réellement discuté et délibéré dans les formes, un nouveau n'en serait pas moins nécessaire, d'après tous les événemens survenus depuis 1792. Il est de fait, au surplus, que les juges, les administrateurs et tous les propriétaires fonciers le réclament ; il faut gémir que tant de ministres et de députations aient comparu, sans qu'il en ait même été question (1). Disons franchement que, de la part des *mandataires*, c'est un véritable déni de justice et de satisfaction dues à la nation.

L'incision annulaire au jeune sarment de la vigne, que j'avais condamnée dès le principe dans mon cours

---

(1) Dans un écrit imprimé et distribué à la chambre en 1829, j'en ai démontré l'urgente nécessité ; mais cet écrit a passé comme tant d'autres sans être même aperçu.

d'agriculture, après avoir occupé tant de séances à la société théorique de Paris, et après avoir fait distribuer tant de prix, est enfin abandonnée.

Il en est de même de la vinification de la demoiselle Gervais, qui a fait des dupes même parmi les patrons de la science et dans le ministère. Mais tout n'est pas dit sur les vrais principes de la vinification ; il est trop important de combattre certains œnologues nouveaux venus, qui s'abusent sur les connaissances qu'ils croient avoir, et avec lesquels la société de Paris néanmoins paraît être d'accord sur les moyens qu'ils indiquent.

Nous aurons à discuter le monopole établi par le gouvernement sur le tabac ; nous osons croire d'avance que les moyens que nous proposerons se concilieraient avec les intérêts de l'agriculture et avec ceux du gouvernement, comme revenu public.

Nous nous proposons d'attaquer vivement le système de MM. Yvart et Huzard sur la stabulation ; nous tâcherons de prouver que leur système est destructif de la multiplication et de l'éducation des bestiaux, et surtout de celles des chevaux ; cette question nous fera reproduire celle des jachères, des assolemens et des prairies artificielles ; nous la traiterons dans ses principes physiques et économiques, et nous espérons que le gouvernement et la législature nous sauront gré des motifs que nous donnerons et de leurs conséquences relativement à l'économie publique.

Les engrais factices, les poudrettes brunes et blanches, l'urate, se sont presque discrédités d'eux-mêmes ; car il n'a fallu, de la part des agriculteurs, qu'observer, pendant trois à quatre ans, le sort des récoltes après l'emploi de ces sortes d'engrais dans les ensemencemens.

Nous tâcherons de réduire à leur juste valeur les différentes graminées qu'on vante comme nouvelles et très-utiles , telles que le ray-grass , le fiorin , l'avoine-patate , les minettes , les lupulines , et certaines gesses qui affament et salissent les terres à céréales.

Nous insisterons vivement sur la nécessité de reprendre la seule voie qui puisse assurer la production et la reproduction des bonnes races de chevaux , et , sous ce rapport , nous n'hésiterons pas à blâmer les courses de chevaux , auxquelles la théorie parisienne attribue la perfection *des races*.

Nous nous expliquerons de même sur les prétendus comices agricoles qu'on propose , à l'imitation des clubs ou turbes qui ont lieu en Angleterre , ou à des foires , ou dans les cours des châteaux de quelques ducs , riches amateurs ; nous opposerons d'autres comices , bien plus raisonnables et utiles que ceux de l'Angleterre , ceux de la généralité de Paris en 1785 , 1786 et années suivantes , et dont l'organisation avait été concertée avec M. Berthier , intendant de la généralité de Paris , et avec la société royale d'agriculture , où se trouvaient des Malesherbes , des Bullion , des Turgot , et de laquelle moi-même , quoique fort jeune , je faisais partie.

Les variations de la législation et des opinions sur les laines produites en France , sur le commerce et l'industrie qui en sont la suite , exigent que cette partie de la richesse nationale soit traitée avec des développemens tels , que les exceptions même qu'imposent les localités se rallient à l'objet principal pour favoriser la multiplication des bêtes à laine, desquelles dépend essentiellement notre prospérité agricole.

Une richesse nouvelle s'est révélée à notre agriculture et à notre industrie, celle de la saccharification de la betterave : c'est là du moins un sujet sur lequel il est juste de convenir que la chimie a bien servi l'agriculture ; mais on en a trop exagéré d'abord le lucre et les avantages ; et, ce qui était réellement précieux dans un temps de blocus maritime et de guerre, cesse de l'être quand le commerce est libre et quand le Nouveau-Monde lui - même a repris une nouvelle activité pour cultiver la canne à sucre. La fabrication du sucre de betterave est par elle - même une très - heureuse conquête ; mais c'est au gouvernement à l'encourager, pour en conserver la tradition. Ainsi, dans l'état des choses actuelles, il s'agit de considérer, de la part de l'agriculteur, les dépenses et les bénéfices que peut donner la culture de la betterave ; et de la part du fabricant, sa concurrence avec les provenances des sucres étrangers. Nous ferons, dans cette discussion, la part du bénéfice des fabricans pour les résidus réservés aux bestiaux, sur lesquels il n'y a pas encore de données positives pour leur conservation.

Si nous venons de reconnaître les bienfaits de la chimie pour la saccharification, nous n'en dirons pas autant de ses applications à l'art de cultiver ; entre autres œuvres, nous ferons considérer celle d'Humphri-Davy comme une vaine théorie ; car il n'y a point de terrain, tel circonscrit qu'on le suppose, qui puisse offrir à la pratique une juste application. M. Chaptal, qui se laisse toujours emporter par son zèle et par son désir ardent de se maintenir au premier rang des savans chimistes, a voulu aussi devenir un Humphry-Davy pour nous; il a traduit et composé à sa manière deux volumes sur la chimie appliquée à notre agriculture ; il a pu flatter quelques amateurs de creusets, mais son ouvrage, comme celui du docteur anglais, ne comporte point d'application générale dans la pratique, car la composition des terrains est variée à l'infini. Il faut croire que l'un et l'autre, et même que Thaër, auront cédé à des spéculations de libraires, ou au désir flatteur de dire quelque chose de nouveau dans la culture des plantes.

Nous reprendrons la question du sucre de raisin, non pour la cristallisation, mais pour la composition d'un sirop d'abord trop vanté, et puis trop tôt abandonné, du moins pour l'usage dans l'économie domestique et dans les hôpitaux.

L'horticulture offre tant de charmes et de bénéfices, que nous nous attacherons à en faire valoir tous les avantages et toutes les richesses ; elle peut faire la fortune ou le bien-être d'un père de famille qui se livre à la culture d'un jardin; elle offre de nobles et utiles délassements au magistrat et au guerrier ; elle captive le philosophe que les salons irritent ou ennuient, et il se fait une société de toutes les plantes auxquelles il donne de la vie et même des sentiments ; le moindre fermier, le métayer, le colon, ont intérêt à se créer un jardin pour leur consommation journalière. Louis XIV, le plus superbe des monarques, se plaisait à entendre Laquintinie et Bourdin simple jardinier à Montreuil; le paysan aujourd'hui, grâce à la révolution de 1789, peut offrir à l'étranger qui lui demande l'hospitalité, des pommes de terre, du laitage et du fruit de ses arbres. Nous nous proposons de démontrer, dans le style de l'économie, qu'un jardin bien composé, bien tenu, peut offrir toute l'année des ressources précieuses pour la table.

Dans l'ordre public de la législation et de l'administration, il y a des abus très-fâcheux résultans du système nouveau des poids et mesures ; l'unité et l'uniformité en étaient désirables et demandées depuis des siècles. La révolution de 1789 les avait rendues nécessaires, mais il ne fallait les faire déterminer *que par des hommes d'État* qui connussent bien les habitudes de toutes nos provinces, et on les a livrées malheureusement à la théorie, qui, tout-à-fait étrangère aux usages du peuple, a été chercher dans le ciel une chose si simple et si facile, que Charlemagne seul avait très-bien établie, et de laquelle toutes les parties du royaume s'étaient servies, même pour le commerce avec l'étranger, qui, de son côté, en connaissait les valeurs et les différences. Un premier pas sous l'empire a été fait pour ramener à la simplicité la nomenclature usuelle. Les hommes de la restauration devaient achever le double système de l'uniformité et de la nomenclature ; mais, au contraire, la haute magistrature actuelle, croyant la science infaillible, a maintenu avec rigueur le système exclusif de 1793 ; et la cour de cassation a déclaré bien légèrement, faux poids tous ceux qui étaient d'usage avant la révolution, et conséquemment leurs détenteurs coupables et passibles d'amende, pour avoir vendu à l'aune et à la livre. Cette question intéresse les habitans des campagnes dans toutes leurs relations, pour lesquelles ils sont habituellement dupes, en même temps qu'elle est, pour les marchands des cités, une fatale inoculation de mauvaise foi.

Deux espèces d'arbres, nouveaux pour nos climats, méritent plus qu'à aucune autre époque un sérieux examen ; ce sont les peupliers d'Italie et les acacias, pour lesquels il y a eu, de la part des amateurs, un engouement excessif ; il importe de s'en expliquer sous le rapport de l'influence physique et de l'économie rurale, en ce que ces arbres, en termes forestiers réputés *bois blancs*, ont fait généralement éliminer dans des plantations d'agrément, l'orme, le frêne, l'aulne et beaucoup d'autres arbres plus utiles, plus appropriés à nos-climats et aux cours des eaux ; en ce que leur végétation très-affamante altère et appauvrit les arbres, les arbustes et même les herbes qu'ils obombrent.

Nous aurons aussi à nous expliquer sur le riz sec, qu'un trop vain amateur a voulu mettre en crédit.

Nous examinerons avec une juste impartialité quelles influences peuvent avoir pour l'agriculture et l'industrie divers professorats de la capitale ; et si le gouvernement d'un État aussi agricole que la France ne s'abuse pas lui-même en soumettant les plus hautes questions de l'agriculture pratique à des professeurs absolument étrangers aux cultures du royaume et même à celle de la Brie.

Nous suivrons toutes les parties essentielles qui se rapportent à l'agriculture, à l'industrie et au commerce ; car ces trois choses constituent par elles-mêmes la prospérité nationale ; nous ferons connaître les découvertes ou les perfectionnemens qui auront eu lieu dans l'étranger : notre premier soin sera d'examiner s'ils conviennent à notre agriculture et s'ils comportent autant de réalités que les auteurs ou leurs échos en annonceront.

Jusqu'à présent les écrivains agronomes ont omis une grande satisfaction à donner à ceux qui s'occupent directement ou indirectement d'agriculture, celle de faire connaître les hommes qui auront écrit ou qui écrivent sur les diverses cultures du royaume, et sans qu'on connaisse les antécédens de leurs études, de leurs fonctions et de leur vie. Ainsi, par exemple, on voit, on sent qu'Olivier de Serre connaissait bien l'agriculture du Languedoc, et que dans tous ses conseils et préceptes il parle d'après sa propre expérience. On n'en peut dire autant de Rozier, qui avait plus de zèle et de connaissances physiques que d'expérience acquise, et qui encore connaissait mieux l'agriculture du midi, que des autres parties de la France. Parmi les Duhamel, un seul fut agriculteur, et cependant l'académicien a embrassé la sphère presque entière de l'économie rurale et politique, et n'a jamais été qu'un amateur étranger à la pratique. Enfin nous avons vu M. François de Neufchâteau, né poète, emboucher la trompette de la renommée et suffire par sa voix et son zèle, pour annoncer des miracles dans notre agriculture; dans le fait, il ne connaissait pas même les premiers élémens de la pratique. Nous offrirons donc dans le cours de cette revue des notices sur les œuvres des différens écrivains sur l'agronomie ; cette revne aura le mérite encore de reproduire des motifs qui feront mieux connaître les cultures anciennes et nouvelles. Nous donnerons quelques articles nécrologiques ; entre autres ceux de Rozier, de Parmentier, de Cretté de

Palluel, de Bosc, le digne émule de Candole, et que
la France vient de perdre, et l'un des hommes les plus
recommandables par ses vertus civiques ; ces articles
toutefois ne seront pas des éloges ou des oraisons, mais
un rapport fidèle de leur carrière agronomique, de
laquelle feront aussi partie leurs erreurs ou leurs mé-
prises, sans toutefois qu'on puisse nous reprocher de
manquer aux convenances.

PROPOSITION

AU GOUVERNEMENT ET A LA LÉGISLATURE

D'établir près de chaque session législative un conseil de propriétaires fonciers agriculteurs, pris dans chaque grande contrée.

Nous ne pouvons mieux terminer cette introduction et notre carrière agricole, qu'en proposant au gouvernement et à toutes fins à la législature, un moyen simple, juste, et d'une grande sagesse, pour soutenir et favoriser les progrès de l'agriculture du royaume. L'exemple nous en est donné par les États-Unis, dont l'organisation du gouvernement ne date pourtant que d'un demi-siècle, et dont la civilisation, comme la population effective, est un des plus grands prodiges du dix-huitième siècle.

Tout dans ce gouvernement est grand et pur comme la morale évangélique ; les devoirs y sont en harmonie avec les droits. L'homme y jouit de toute latitude pour l'exercice de sa raison, de ses titres et de ses intérêts. L'*agriculture*, le *commerce* et la *liberté*, voici le triple pivot sur lequel roule annuellement le gouvernement américain du nord. On n'en peut douter, quand on voit les principaux propriétaires agriculteurs se réunir par sociétés, ou par députations, à l'époque et au lieu même *de la session législative*, pour offrir aux députés généraux des moyens d'amélioration et pour leur indiquer des voies nouvelles dans leurs États respectifs. De son côté, la législature consulte les envoyés des divers États, et ne prononce ses décisions qu'après avoir examiné les votes des uns et des autres.

Il en résulte ainsi une grande émulation ; chaque députation cherche à ouvrir à son État de nouvelles sources de prospérité, que le commerce agrandit et soutient avec la même émulation , et qui, en faisant la fortune ou le bien-être des individus, donne au gouvernement des moyens de garantir et de soutenir son indépendance et sa prospérité.

La première société qui se soit assemblée dans ces vues, est celle qui fut fondée en 1791 à Albany, et dont la sollicitude agréée par la législature a été imitée par celles des autres États.

On ne voit point ces commissaires agricoles se jeter dans le dédale ou les égaremens de la vieille théorie d'Europe ; plus sages que les Anglais et que les Français, ils ne cherchent point dans les livres les moyens de faire prospérer l'agriculture ; ils les trouvent dans les dispositions de leur sol et de leurs climats ; mais jugeant par l'expérience, qui partout est la règle suprême , ils s'en tiennent aux documens que leur donne chaque année le commerce. C'est encore par une sage raison qu'ils préfèrent de bonnes et sages lois ou des actes du gouvernement qui y concordent , aux livres fautifs ou mensongers de la France , et surtout de l'Angleterre , dont la scientification fatigue et abuse depuis trop long-temps les véritables agriculteurs de ces deux pays.

Quarante années d'expérience nous ont appris qu'il ne fallait pas compter sur la législature pour en obtenir des lois et par suite des réglemens généraux , que l'agriculture en France réclame en vain, et à très-hauts cris , depuis 1789.

C'est dans cette pensée que pour y suppléer, autant qu'il est en moi, j'ai fait imprimer l'an dernier, à l'ouverture de la session, un écrit ayant pour titre : *Avis offert et soumis à messieurs les membres de la chambre des députés , sur l'organisation municipale , sur la nécessité d'un Code rural, sur l'administration de l'intérieur , sur les grandes routes et chemins vicinaux , sur l'état de l'agriculture et sur les encouragemens qu'elle réclame.* Cet ouvrage a été distribué et soumis même au garde des sceaux, M. Portalis , relativement au Code rural ; mais j'ai ignoré absolument quel en a été le sort ou le mérite. Toutefois je n'ai eu qu'à me louer de messieurs les questeurs pour les communications.

Dans le cours de l'écrit il était question de l'éducation des chevaux , des écoles modèles pour l'agriculture, de l'abolition des jachères , des vices des attributions ministérielles , des vignes, des droits sur les vins , du monopole du tabac , et des grandes souffrances de notre agriculture.

C'est après m'être bien convaincu que dans l'état actuel de nos sessions législatives , il est presque impossible que la chambre des députés puisse délibérer et voter, en connaissance de cause, sur un Code rural et sur toute autre loi rurale, que je me suis déterminé cette année à proposer sur ce point l'exemple des États-Unis d'Amérique. Pour le faire, le gouvernement n'a qu'à vouloir, et j'ose croire qu'il lui sera très - facile de faire agréer la mesure par la chambre des députés.

Le gouvernement ainsi pourrait donc s'affranchir des honteuses lisières dans lesquelles la théorie parisienne le retient et le guide depuis tant d'années; ce fait n'est plus un doute pour tout homme qui observe, et malheureusement on ne peut prévoir l'époque où les partis, les dissensions politiques, les oppositions et les circonstances ministérielles laisseront aux députés un libre accès à la tribune pour s'occuper des choses de l'agriculture à laquelle pourtant tout se réfère en France, qui est le pays le plus agricole de l'Europe. Nous avons une expérience de quarante années, pendant lesquelles il n'a jamais été même question d'un Code rural et d'autres lois réglémentaires, que la révolution de 1789, le nouvel ordre judiciaire et administratif, rendent absolument nécessaires pour le maintien et l'exercice *des droits de la propriété*, pour la police rurale et pour les progrès de l'agriculture. Si cette proposition était agréée, nous nous ferions un devoir d'offrir au gouvernement et à la chambre des députés, plus spécialement occupée de l'impôt, quelques réflexions et des faits qui en faciliteraient l'exécution.

ANNONCES BIBLIOGRAPHIQUES.

Traité des amendemens et des engrais, par. M. *E. Martin.* 1 gros vol. in-8°. Prix, broché, 9 fr.

Traité de la culture de la vigne et de la vinification, contenant des préceptes généraux de culture applicables à tous les climats, etc.; par M. *Lenoir.* 1 gros vol. in-8° avec planches. 10 fr. 50 c.

Traité de la culture du murier et de l'éducation des vers à soie, par M. *Boitard.* 1 vol. in-8°, fig. noires, 5 fr. 50 c.; fig. col., 6 fr. 50 c.

Traité des prairies naturelles et artificielles, par M. *Boitard*, avec 48 pl. 1 vol. in-8°. Prix, fig. noires, 12 fr.; fig. col., 20 fr.

Géométrie agricole, contenant, etc.; par M. *Suzanne.* 1 vol. in-8° avec figures. Prix, 5 fr.

De la probabilité d'une disette prochaine, par M. *B. A. Lenoir.* Broch. in-8°. Prix, 1 fr. 50 c.

Essai sur les moyens les plus propres a prévenir les disettes, par M. *de Bugny.* Broch. in-8°. Prix, 50 c.

Du système suivi pour l'amélioration des chevaux, et des modifications à y apporter, par M. *de Marivault.* Broch. in-8°. Prix, 50 c.

Traité de la culture des pommiers et poiriers, et de la fabrication du cidre et du poiré, par M. *Odolant Desnos.* 1 vol. in-8°, fig. Prix, 5 fr.

(Se trouvent chez Rousselon, libraire, rue d'Anjou-Dauphine, n° 9.)

Tous ces ouvrages, qui traitent ou soulèvent des questions fort importantes, seront l'objet d'articles détaillés dans lesquels nous nous proposons d'en rendre compte. Nous passerons également en revue tous les journaux qui se rattachent à l'économie rurale, et généralement tous les écrits qui ont pour sujet cette partie si utile, quoique toujours si négligée, de notre fortune territoriale.

Laissant de côté tout autre intérêt que l'intérêt public, c'est avec conscience et conviction que nous signalerons les livres utiles, ou que nous repousserons ces compilations indignes de la typographie française, n'ayant d'autre but que de tenter la crédule confiance des hommes avides de s'instruire, et qui, trompés si souvent, croient devoir s'abstenir de consulter les ouvrages nouveaux.

Il est temps qu'au milieu du fatras de publications nouvelles les cultivateurs aient un guide assuré des choix qu'ils doivent faire.

AVIS.

Les personnes qui voudront recevoir les numéros suivans de la Revue agronomique, *sont invitées à se faire inscrire de suite chez le libraire éditeur.*

REVUE

AGRONOMIQUE.

DES JACHÈRES.

Rapport général qui intéresse à là fois la France et le Gouvernement.

On croira difficilement un jour, qu'après une grande révolution, entreprise en quelque sorte pour la cause même de l'agriculture, cette partie si essentielle de la fortune publique, de la force politique et du domaine des sciences les plus utiles à l'ordre social, ait été, même à l'apogée de l'exaltation nationale, la plus négligée, pour ne pas dire la plus abandonnée.

L'assemblée nationale constituante, toujours trop occupée du droit et du devoir sacrés de veiller à la sûreté et à l'indépendance de la patrie, n'a eu ni le temps, ni la possibilité peut-être, d'accomplir son dessein sur la glèbe foncière, qui, n'étant plus féodale, ni coutumière, avait besoin de lois réglémentaires transitoires, et, en définitive, de poser les bases d'un nouveau code rural. Il importait beaucoup, en effet, de régulariser l'exercice des droits inhérents à la propriété foncière, individuelle et communale, et surtout de guider les corps judiciaires et administratifs, encore frappés des dispositions des coutumes et des jurisprudences des parlemens du royaume.

L'assemblée législative a voulu s'en occuper, mais à

son début, les ennemis de la patrie et du trône constitutionnel l'ont dominée dans des clubs désorganisateurs; et, cette révolution, qui aurait dû être la plus heureuse et la plus exemplaire de la civilisation, s'est immédiatement trouvée, et pourtant sans préméditation, sous le régime de la plus épouvantable terreur.

Pour le malheur de la France, le comité de salut public n'a point compris le sort ni l'influence réelle de l'agriculture; il ne s'est occupé lui-même qu'à frapper encore et à bouleverser toute la société. Les hommes de la théorie sont venus l'égarer pour tout ce qui avait rapport à l'agriculture; le maximum et les réquisitions ont désolé toutes les campagnes, on a désorganisé les haras, vendu les dépendances et les mobiliers de ces établissemens, on a enlevé les jeunes chevaux et jusqu'aux jumens poulinières; le desséchement général des étangs, enfin, a donné la mesure du savoir et du pouvoir révolutionnaires.

Puisque les hommes de la théorie agronomique, parmi lesquels nous voyons encore quelques membres de la Société d'Agriculture de Paris, ont ensuite attaqué l'usage des jachères, il convient, pour mettre le lecteur à portée de juger de leurs systèmes, d'en rappeler la cause ou le prétexte.

En 1787, Arthur Young avait fait un voyage agronomique en France; à Paris, il avait voulu voir et connaître les membres de la Société royale d'Agriculture, dont les travaux et les comices agricoles avaient déjà fait une grande sensation en Europe. Il s'était fait accréditer auprès de Broussonnet, secrétaire perpétuel de la Société; ce dernier ne connaissait que par ouï-dire l'agriculture de la France; il avait néanmoins le genre d'esprit qui convenait à sa place et à son ambition concentrée. A. Young voulut voir l'exploitation de Cretté de Palluel, l'homme par excellence, lorsqu'il s'agissait d'essais proposés par la Société royale qui a précédé la révolution. Pour faire fête et honneur au voyageur anglais, il y eut des réunions, des banquets et des excursions champêtres; j'ai assisté au plus grand nombre des visites et des banquets; à toutes circonstances il vantait l'agriculture anglaise et critiquait vivement en maître celle de France, parce qu'il voyait *partout des jachères*, et nulle part des prairies artificielles et des turneps. Tous ces mots critiques allaient au cœur ou à l'amour-propre de Broussonnet, qui, dans un compte rendu à la Société, fit déterminer à faire immédiatement des achats de graines de trèfle, de luzerne et de turneps, pour être distribuées aux comices agricoles de la généralité. Un digne et vrai secrétaire de la Société d'Agritulture aurait opposé du moins que la Marche et le Limousin possédaient peut-être les plus excellens turneps du globe; mais Broussonnet, était trop courtisan et trop prétentieux sur la connaissance des plantes, pour oser dire que les raves du Limousin, plus sucrées encore que les betteraves de Castelnaudari, étaient *de vrais turneps,* quand l'illustre voyageur avait dit qu'il n'avait vu en Limousin que des *rabioules.*

De retour à Londres, A. Young fit imprimer son voyage agronomique en France. C'est cet ouvrage, dans lequel l'agriculture de la France est si pauvre et si misérable, dont M. Sylvestre, secrétaire de la Société actuelle, a fait la traduction, et qu'il a présentée au comité de salut public, lequel, jugeant qu'une réforme dans le système agricole était devenue plus facile à des républi-

cains, prit immédiatement un arrêté pour ordonner
« que la traduction de l'ouvrage d'Arthur Young serait
« envoyée aux sociétés populaires, aux districts et aux
« municipalités, pour y être lue dans des assemblées
« civiques. »

Le directoire se montra digne du comité de salut
public; un de ses membres, qui déjà s'était annoncé à.
la barre de la convention comme auteur de la pierre
philosophale, c'est-à-dire, de l'art de faire produire
dix épis de blé au lieu d'un, s'empara de la direction
à donner à l'agriculture de la France; c'est ce même
membre, le coryphée par excellence des théoriciens
de l'agronomie, qui n'a cessé depuis cette époque de
faire retentir sa voix en faveur de l'agriculture qu'il
n'a jamais connue, ni comprise, et moins encore exercée; c'est à lui-même, à son infatigable zèle qu'il faut
attribuer les graves erreurs qui, depuis plus de 25 ans
fatiguent ou tourmentent les agriculteurs, et surtout les
jeunes et nouveaux propriétaires de terres.

Commençons-en la fatale série par l'initiative qu'il a
prise pour *l'abolition des jachères;* ce rêve ne l'a jamais
quitté; son âge, ses infirmités, ni ses hautes fonctions,
n'ont point ralenti son ardeur et son prosélytisme en
faveur d'un système qui lui faisait voir comme à travers un prisme, ou dans la chambre noire, le sol entier
de la France couvert tous les ans de verdure, de fleurs
ou de fruits, et de riches moissons encore, souvent
même plusieurs à la fois, dans la même année et dans
le même champ.

C'est avec un tel enthousiasme, que M. François de
Neufchâteau s'est mis à travailler à la fois le midi, le
centre et le nord de la France; Marseille, Dijon et

Bruxelles ont entendu ses vives et éloquentes allocutions. Triptolème intrépide, il a créé des sociétés d'a-
griculture, des comices agricoles, qu'il a meublés de
néophites armés de thyrses ou de houlettes, ou décorés
de gerbes et de médailles d'or ou d'argent. Sa voix s'est
fait entendre en Espagne, en Italie, en Allemagne, en
Russie et jusqu'aux États-Unis; n'omettons pas toutefois, et par conscience, de faire observer qu'il avait la
conviction que ses principes et sa doctrine vaudraient
à la France une constante et florissante prospérité.

Parmi toutes ses illusions, il faut donc mettre au
premier rang la *suppression générale des jachères.*
Avec quel feu, quel enthousiasme, il citait à l'admiration
de ses cliens le simple villageois des Vosges, qui, ayant
mis à exécution ses leçons, lui écrivait qu'il avait fait
trois récoltes différentes sur le même terrain et dans la
même année! Combien il était heureux quand des sociétés complaisantes, des amateurs ou des flatteurs à
l'affût des prix, des thyrses et médailles d'or , dont il y
avait chaque année *profusion ,* déclaraient adopter et
suivre l'excellence de sa doctrine!

Devait-on s'attendre, après l'expérience de tant de
siècles, après tous les progrès faits dans les sciences physiques, et surtout dans la physiologie végétale, après
tant d'essais et d'ouvrages sur l'agriculture en France et
dans l'étranger, qu'au sixième lustre du dix-neuvième
siècle, on oserait annoncer sérieusement la *suppression
des jachères,* ou en d'autres termes, la suppression du
pâturage vif, remplacé par un mode de fertilité annuelle
et perpétuelle.

Il est malheureusement de fait que les discours , les
programmes et les prix de François de Neufchâteau ont

fait une prompte fortune, non-seulement dans le gouvernement, mais encore dans l'académie des sciences,
qui, étrangère elle-même au système général et au
mécanisme de notre agriculture, s'est bien gardée de
contredire une doctrine qui flattait les grands et puissants amateurs, laquelle d'ailleurs était très-agréable
au gouvernement.

Fort de ces assentimens, François de Neufchâteau
employa tout son zèle et son éloquence à faire prendre
une haute consistance à la nouvelle Société d'Agriculture
de Paris, qui n'était fréquentée et soutenue par aucun
homme de marque et dans laquelle M. Chaptal lui-
même, qui était son Mécène, n'était jamais entré, ainsi
que tant d'autres membres inscrits à leur insu. Ses portes, comme celles d'un Temple, étaient ouvertes à tous
ceux qui possédaient une teinture d'agronomie. On en
peut juger par les inscriptions de plusieurs membres qui
n'avaient jamais été connus dans la carrière, et qui,
comme M. de Perthuis, n'en ont pas moins écrit, sous
ses auspices, d'énormes volumes sur l'agriculture.

La Société, jusqu'alors très-précaire, et dans la dépendance immédiate du préfet de la Seine, entendit donc
avec avidité les discours et propositions de François de
Neufchâteau, non-seulement sur la suppression des *jachères*, mais encore sur les plus hautes questions de
l'agronomie et de l'administration ; car il voulait encore
réunir toutes les propriétés éparses, en faire un seul et
même tenant, et leur donner, comme à un damier, une
figure géométrique. L'arrondissement de Dijon fut le
premier essai de cette refonte d'un genre si nouveau
dans la glèbe foncière. La Société de Paris, d'ailleurs,
sentait que son chef, revêtu des plus hautes fonctions,

pourrait immédiatement la protéger, sinon auprès de Napoléon, du moins auprès de son ministre de l'intérieur.

Il ne faut donc pas s'étonner que les membres du vieux levain de la Société nouvelle, et qui ont toujours eu le secret de fermenter dans le ministère, aient applaudi aux propositions si étranges de leur honorable président, entre autres, à l'abolition irrémissible des *jachères*. Au fond, ils ne pouvaient mieux choisir pour les propager et les accréditer : lui-même jouissait d'avance de la gloire de jouer presque aussi parmi nous le rôle de Voltaire, son premier patron, qui, aux portes de la célèbre Genève, s'était fait agriculteur *in partibus infidelium*.

Plus la Société se voyait portée en faveur auprès du gouvernement et même dans l'opinion, quoique lente à se prononcer, plus elle désirait s'élever à une consistance académique ; François de Neufchâteau, de son côté, comme président, n'aspirait pas moins vivement à en être le promoteur ; à force de discours il parvint à la faire considérer comme Société centrale de toutes les Sociétés de l'empire, osant même en comparer les rayons à ceux du soleil ; les ministres de l'intérieur même dans leurs discours, n'hésitèrent pas à lui donner cette haute investiture.

La première époque historique et officielle du système abrupte de l'abolition des jachères se rapporte à l'année consulaire 1802 ; elle y fut discutée et soutenue par MM. Sylvestre et François de Neufchâteau. La pétition expositive de son titre et de son organisation fut envoyée au tribunat, et confiée à M. de Chassiron, membre de la Société. Dans son discours, ce tribun s'appuya sur les exemples de l'Italie, de l'Autriche et surtout de l'Angleterre, où, disait-il, *il n'y a point de jachè-res* (1), et où il est d'usage que les grands tenanciers envoient leurs fils âgés de 16 à 18 ans chez des fermiers, pour y apprendre les premiers élémens de l'agriculture. Si M. de Chassiron n'a pas aventuré de confiance cette institution ou cette coutume, il faut convenir du moins qu'elle serait désirable partout ailleurs ; il insista beaucoup sur l'utilité des fermes expérimentales et des chaires d'agriculture, pour lesquelles M. Sylvestre a toujours eu une singulière affection.

A cette séance, M. Fourcroi se trouva l'orateur du gouvernement ; son discours en réponse à celui de M. de Chassiron mérite de trouver place dans nos fastes d'agriculture. Il considéra, que l'agriculture était véritablement *une science* (c'est le premier aveu qui ait été fait en sa faveur, par le gouvernement), et que sous ce rapport elle méritait d'être enseignée ; mais, que si on la considérait comme un art, on ne pouvait l'apprendre et la posséder qu'en maniant la charrue ; dans ce cas, disait-il, des livres élémentaires suffisent.

Il faut convenir que M. Fourcroi, quoique éminemment Parisien aussi, avait parfaitement bien distingué l'art pratique agricole, de la théorie qui s'y rapporte ; mais sa réponse n'en a pas moins suggéré de vaines gloses à MM. Tessier et François de Neufchâteau pour faire abolir les jachères, pour établir des fermes expérimentales et des chaires d'agriculture, dont on fait aujourd'hui un si étrange abus à Paris.

---

(1) De l'aveu de Sinclair, en 1815, et de M. Yvart, en 1816, il y avait plus de 2,5oo,ooo acres en jachères servant de pâturages.

Le premier agriculteur qui s'éleva contre le système d'Arthur Young, devenu l'oracle de la Société de Paris, fut M. de Lauraguais; il eut le courage de démontrer aux savans privilégiés du gouvernement qu'une succession de récoltes, telles qu'elles fussent, épuisait le sein de la terre, et que, dans l'ordre commun de notre agriculture, il était impossible de suffire ou de suppléer aux engrais par des labours, pour toutes les moissons qu'on proposait.

Une seule société, en 1803, avait déjà représenté, dès la première initiative, que sans le *pâturage vif* des communaux, il était impossible de tenir des troupeaux.

En 1805, M. l'abbé de Pradt, devenu évêque de Poitiers, entreprit, à l'imitation de A. Young, un voyage agronomique en France, dans lequel il assigne aussi des zones aux productions du sol ; il est malheureux pour l'un et pour l'autre, que des observateurs, moins pressés qu'eux, eussent pourtant déjà signalé la culture de la vigne aux portes de Rouen, quand le département de la Creuse, par le quarante-sixième degré de latitude, n'avait pas un seul arpent de vigne. Tout le reste porte à croire que M. de Pradt, comme Young, n'avait vu la France qu'en la parcourant en poste.

Monsieur l'évêque de Poitiers aussi condamna hautement les *jachères*, prétendant qu'elles absorbaient un sixième des produits annuels. Il s'éleva fortement contre l'agriculture pauvre et vulgaire usitée dans les départemens situés entre la Loire, le Rhône et la Dordogne, et de nouveau, il en accusa les *jachères;* il n'épargna pas même la Limagne, où disait-il on couvre les blés ensemencés par la charrue, au lieu d'employer la herse.

Semblable à l'abbé Delille, son illustre compatriote, qui, dans sa brillante carrière, avait constamment préféré les charmes et les prestiges de la poésie aux grands et nobles élans du vrai génie poétique, l'abbé de Pradt ne s'occupa de même dans cette carrière aventurée que de la fleur de la théorie ; mais comme elle était empruntée aux Anglais, son voyage lui donna du renom et de la vogue ; M. l'abbé Tessier, son digne confrère en théorie, se chargea, dans ses annales, d'acquitter la dette de la reconnaissance publique.

En 1806, la Société de Paris, cédant à l'impatience de François de Neufchâteau, proposa un grand prix de 1500 fr. pour *l'abolition des jachères* où elles étaient usitées ; mais il fallait en avoir donné la preuve sur cinquante arpens.

En 1807, M. Yvart, devenu *professeur d'agriculture* à l'école vétérinaire d'Alfort, en présence de M. Frochot, préfet de la Seine, déplora, pour la France, l'usage des *jachères,* qu'il signalait comme un état d'*oisiveté* et de *dégradations effectives,* comme le reste barbare de la féodalité ; mais il fit un éloge pompeux de l'agriculture anglaise qui est, disait-il, l'objet constant de nos implacables ennemis (1).

La même année, François de Neufchâteau adressa directement à l'empereur son ouvrage sur l'art de multiplier les grains, et sur les améliorations à faire à l'agriculture, dans lequel il prétend qu'en suivant ses conseils on peut facilement doubler les revenus ; il attribue l'usage des *jachères* aux vétérans des Romains, et les

---

(1) Bientôt nous dirons quel était l'état si prospère de l'agriculture anglaise.

baux à courts termes aux stipulations des Goths, que les notaires adoptent encore.

En 1808, M. Legris de Lasalle, de Bordeaux, s'éleva avec force contre tous ceux qui tenaient encore aux *jachères*, il blâma leur ignorance et leur croyance sur le *repos* de la terre. Il disait qu'avec du maïs semé de quinzaine en quinzaine, on pourrait suppléer à tous les fourrages ; il n'admettait d'exception que pour la Provence ; mais il n'hésita pas à dire que la suppression des *jachères* serait très-facile dans le département de la Gironde.

La même année, une question, plus grave dans ses conséquences, s'est élevée dans quelques départemens du nord ; on y a prétendu devant les tribunaux, qu'un fermier, *nonobstant les clauses de son bail,* pouvait dessoler ses terres quand il y avait des usages contraires, et qu'on pouvait semer blé sur blé et toute autre céréale sans en fumer l'ensemencement.

Un gouvernement qui ne s'entremet pas dans de telles actions judiciaires n'est pas à la hauteur de ses fonctions ; faut-il s'étonner d'après cela, que nous n'ayons pas encore un code rural ? Mais il y a plus de motifs pour accuser ceux qui, sans mission ni commission, prêchent à toute voix aujourd'hui l'abolition des *jachères* et la culture des terres à blés, *tous les ans.*

M. Charbonnier, de la Société de Châlons-sur-Marne, annonça dans les *Annales,* qu'il regardait les *jachères* comme un reste féodal ; il crut avoir démontré que les plantes *sarclées* rétablissaient les *sels productifs* (1) ; il demandait à l'administration que ses

______

(1) Il n'y a dans le sein de la terre d'autres sels que ceux qu'y forment les plantes.

observations fussent envoyées aux notaires , afin d'obvier à la trop grande brièveté des baux.

Au mois de mai 1808 , la Société d'Agriculture de Paris, sérieusement avertie, sans doute, que par ses prix et ses programmes contre les *jachères*, elle se mettait en opposition avec toute la France et qu'elle excitait à faire transgresser la législation existante, déclara qu'elle retirait son grand prix, et que, sur ce sujet , il ne serait plus délivré que des médailles, réduisant l'étendue d'épreuves à vingt hectares.

François de Neufchâteau prompt et facile à se créer des compensations, à la manière de M. Azaïs, se félicitait au mois de juin suivant, de ce que partout les prairies artificielles remplaçaient les *jachères*..

En 1809, M. Dumont de Courset suppliait François de Neufchâteau de tirer l'agriculture de l'*esclavage* où elle était encore, *affirmant* qu'en Angleterre on ne connaissait pas les *jachères*.

La même année, M. Gasc , chimiste , regardait les *jachères* comme très-funestes ; il leur attribuait le sort misérable des habitans des campagnes, qui dans certains départemens, disait-il, ne cultivent *que du maïs*, faute de pouvoir cultiver des grains plus *nobles* ; du reste il critiquait vivement aussi le *repos* de la terre.

Le 15 juillet 1810, le ministre de l'intérieur, M. de Montalivet, en séance publique, félicita la Société d'être devenue le *sanctuaire* de l'agriculture ; de ce qu'elle repoussait la *théorie* et ne prenait que la *pratique* pour guide. Il déclara que le peuple était devenu presque partout propriétaire, que la France pouvait se suffire à elle-même ; que ses vignes produisaient du *sucre*, et que l'agriculture occupait sans cesse le cœur et le génie du plus puissant des monarques : on peut juger d'après cette déclaration quelle fut la réponse du président ordinaire, François de Neufchâteau, et le résumé non moins fastueux du secrétaire perpétuel, M. Sylvestre.

En 1811, François de Neufchâteau étant à Hières en Provence, y provoqua une assemblée des principaux propriétaires fonciers; il y fit connaître les améliorations nouvelles; il s'éleva contre l'*araire* et contre les *jachères;* il y dit : que la France avait en ce moment les yeux sur Hières; qu'il espérait un élan généreux dans la patrie de Massillon. Son discours au surplus, d'après les *Annales,* aurait fait une telle impression, qu'une société d'agriculture y fut votée à l'unanimité.

En 1812, M. Bosc a laissé dire dans les *Annales* qu'un M. Mondez de la Belgique, ayant supprimé les *jachères* et commencé l'usage des plantes sarclées, était parvenu en trois ans à faire produire à sa ferme 31,489 francs au lieu de 11,450 francs, déclarant en outre, qu'il n'avait pris en aide qu'une seule fille, et que son lin, qui était ordinairement rebuté, avait été jugé le plus blanc de la Belgique.

En 1813, M. Desjardin, de la Société royale de Versailles, signala les jachères comme l'*opprobre* de l'agriculture.

M. Yvart, dans un rapport fait la même année au mois de juin, disait : La Société doit *se vanter à l'Europe d'avoir, la première, demandé la suppression des jachères;* vous avez dans vos archives, continuait-il, une masse de faits historiques.

M. de Lasteyrie, qu'on retrouve toujours sur les chemins frayés, déclarait de son côté, que, sans les *ja-*

chères il y aurait au moins un sixième de plus en cé‑
réales.

En 1814, la Société de Toulouse réclamait au con‑
traire pour la continuation de la *compascuité*, dont un
réglement général pour le pays permettait le pâturage
vif, depuis le 24 juin jusqu'au 15 mars.

Celles d'Amiens et de Metz attachaient la conserva‑
tion des troupeaux à celle des communaux.

En 1816, le ministère de l'intérieur fit publier une
instruction pour améliorer l'agriculture; il désigna les
ouvrages qu'on devait consulter; il signala M. Yvart
comme un des plus savans agronomes, qui dirigeait, au‑
près de Paris (*à deux lieues*), une *grande* exploitation
dans laquelle il *ne faisait pas de jachères* : c'est à de
tels hommes, y disait-on, qu'il appartient de *dicter des
lois* sur l'agriculture.

En 1817, François de Neufchâteau, la première fois
qu'il revint présider une séance publique à la Société
royale, centrale et normale, s'écria : La charrue ne
demande plus justice, elle l'a obtenue; son titre date
de 1761, et ses attributs de 1788, par le nom sacré du
père de l'État. (Ainsi, le pauvre empire pour lequel
François de Neufchâteau avait si long-temps et si sou‑
vent trépigné de joie et d'admiration pour les immenses
progrès de l'agriculture, et pour les charrues qu'il avait
couronnées, n'a pas eu même les honneurs d'une fu‑
gitive parenthèse.)

Le 27 janvier 1819, M. Decaze, ministre de l'inté‑
rieur, annonce, dans un rapport général au roi, que
la Société d'Agriculture de Paris, après avoir servi de
type et de modèle, dirige toutes les autres sociétés du
royaume; que dans tous les départemens les proprié‑

taires, à l'envi, *établissent des fermes expérimentales;* c'est à la suite de ce rapport que le roi, par ordonnance, a nommé un conseil central (mais non royal), près du ministre de l'intérieur.

En 1820, la Société de Paris, recréée sur une autre base, en revient à proposer des prix contre les jachères; elle en réduit les preuves et conditions à vingt-cinq *ares.*

La Société d'Évreux fonde un prix annuel sur le même sujet, et dans les mêmes principes.

En 1822, M. Yvart, dans un rapport, insiste plus spécialement pour qu'on adopte des plantes à sarcler, et par suite, un assolement *quadriennal :* il cite en preuve Coke, Thaër, etc. Le prix pourtant, est-il dit, ne sera donné qu'en 1827, et sur vingt hectares.

En 1823, M. Calame, agronome amateur du Doubs, voit, dans les jachères, une conspiration contre les propriétaires fonciers, des dangers pour le genre humain; il déclare que la jachère est *anti-sociale,* qu'elle n'est soutenue que par *la routine.* Selon lui, le *repos* de la terre est une absurdité; il cite à l'admiration de la France M. Fellemberg, duquel il fait presque un Dieu.

Peu de temps après, M. Bosc, dans un rapport général, déclare aux autres Sociétés d'agriculture et aux correspondans, que le gouvernement, d'après l'avis unanime du conseil *royal* d'agriculture, a solennellement reconnu que *l'abolition des jachères était un grand principe d'amélioration :* lecteurs, vous venez de l'entendre.

En 1825, la Société déclare aux agronomes que, pour devenir son correspondant, il faudra prouver désormais qu'on ne fait pas de jachères, et cela sur vingt-cinq *ares* au moins.

En 1827 encore, on donne avec solennité la grande médaille d'or à un agronome de l'Orne, qui ne faisait pas de *jachères*.

En 1828, un M. Terrès informe que, pénétré des avantages qu'il y a de ne pas faire de jachères, il a fait défricher ses *prés naturels*, et qu'il ne cultivera plus pour fourrage que le grand sainfoin (le sulla).

En 1829, les *Annales* publient un système tout-à-fait nouveau, *qui exclut les fumiers et les jachères d'été*. Ce système est accueilli déjà par un jeune adepte parisien, se disant agronome. Nous reviendrons sur ce dernier système.

Nous avons cru devoir faire précéder la grande question des jachères par les déclarations de la Société royale et centrale d'Agriculture de Paris, par les avis de quelques sociétés départementales, et par les suffrages de quelques agronomes, afin de prouver au lecteur que nous n'avons pas à dessein éliminé les principaux suffrages agronomiques et officiels sur lesquels se fonde la théorie. Il nous reste à présent, pour remplir notre mission ou notre devoir, d'établir toute l'importance et les conséquences qui résultent du système de l'abolition des jachères.

1° Cette question implique, et comporte la nécessité absolue d'un code rural; car les jachères admettent de fait ou de droit la vaine pâture, le parcours et les diverses transhumances des pays montueux.

2° La durée des baux à ferme, les exploitations par métayers ou par colons, à tels titres d'usages ou de coutumes que ce soit, décident nécessairement les divers assolemens ou méthodes dont se compose un ordre de cultures par l'emploi raisonné des jachères.

3° La multiplication des bestiaux, cause première de la prospérité de l'agriculture, et l'éducation des chevaux, se lient essentiellement à la question , ou plutôt à l'existence des jachères : c'est un fait que des siècles d'expérience ont du moins démontré *par le pâturage vif*.

4° Le système général de l'agriculture française et l'impulsion commune donnée aux consommations diététiques par les céréales, commandent, aux hommes d'État et à ceux de la science qui ont de l'avenir dans le cœur pour la postérité, d'assurer la fertilité du sein de la terre que la succession indéfinie des blés épuise de plus en plus ; car il y a unanimité d'opinions, même à Genève, que les jachères à pâturage vif offrent encore le meilleur moyen pour réparer l'épuisement causé par la culture des plantes affamantes.

5° La question des jachères étant une fois bien résolue, la France, son gouvernement, ses mandataires et ses savans seraient donc enfin éclairés et délivrés de tant de systèmes éphémères , qui trouvent toujours des prôneurs ou des partisans , quand la science vraie, c'est-à-dire l'expérience , en démontre le mensonge et l'inanité.

6° La question des jachères, enfin, embrasse collectivement celle des prairies artificielles sur lesquelles il est plus que temps de s'expliquer, pour en faire justement apprécier l'utilité, le mérite et les abus ; de cet examen économique et physiologique il doit résulter infailliblement une opinion faite ou bien entendue sur la double influence des prairies artificielles, comme fourrages, et comme utiles à la fertilité des terres.

Ce que je viens d'exposer suffit déjà pour convaincre que la question des jachères est devenue, par les innovations de la théorie, celle même de l'agriculture de toute la France. Je vais tâcher de les faire considérer, sous leurs vrais rapports physiques et économiques; j'examinerai d'abord les causes ou principes de la fertilité de la terre dans les variations des cultures, en raison des climats, des lieux et des terrains; et sur chaque point, je m'appuierai sur les avis et les témoignages des hommes les plus accrédités dans la science physique; je terminerai cet aperçu par le plus incontestable des argumens, celui d'une longue expérience, qui est et sera toujours le guide le plus sûr des agriculteurs, comme celui des vrais savans, qui n'isolent jamais la théorie des effets constants de la pratique.

Je n'accuserai point, à Dieu ne plaise, les intentions des membres du bureau de la Société d'Agriculture de Paris, car je suis persuadé qu'en adoptant avec tant d'ardeur le système de l'abolition des jachères, ils ont cru mettre en action le meilleur système possible; mais il n'en est pas moins constant et positif, que depuis plus de vingt-cinq ans ils ont fait un mal infini, et nui conséquemment aux progrès agronomiques qu'on devait attendre des lumières acquises dans l'ordre physique et physiologique. C'est ce qui arrivera toujours, quand la théorie systématique ou aventureuse voudra se rendre indépendante de la pratique dans telle partie que ce soit, même dans celle de la guerre.

J'avouerai sans peine que la pratique, surtout celle de l'agriculture, a grandement besoin d'être éclairée par la théorie, et ce besoin résulte de l'ignorance dans laquelle on laisse ceux qui tiennent la charrue; qu'ils puissent lire les livres élémentaires, ils seront les premiers à distinguer et à juger les innovations qu'on leur proposera.

Ce que je viens de dire de l'ignorance des agriculteurs de profession, s'applique plus vivement encore aux hommes de la théorie qui, trop certains ou présomptueux de leurs lumières dans les sciences exactes ou philosophiques, affectent d'autant plus de s'isoler du vulgaire, qu'il est, selon eux, dans un état d'ignorance complète sur la nature des choses qui l'occupent. Ainsi, la Société de Paris s'est jetée à perte de vue hors des limites connues de toute carrière agricole, parce qu'elle a, d'une part, mis un excès de confiance dans le système d'Arthur Young, et dans les affirmatives de M. Yvart; de l'autre, parce qu'elle s'est laissée aller sans réflexion à tous les élans de l'imagination de François de Neufchâteau, qui, à force d'avoir parlé d'agriculture, a fini par persuader qu'il était véritablement agriculteur, et par se le persuader à lui-même. Les ministres de l'intérieur, qui, depuis 1792, ont été tous étrangers à l'agriculture, sans en excepter M. Chaptal, n'ont eu garde de contredire une doctrine qui promettait l'abondance et la prospérité; ils trouveraient même aujourd'hui leur bill d'excuse dans le jugement des hommes de la science, qui, alors, démontraient eux-mêmes l'infaillibilité des effets annoncés.

L'opération du cadastre étant survenue, le ministre des finances a vivement appuyé la suppression des jachères, parce qu'il y a vu une plus large base pour la matière imposable.

Si les deux ministères eussent été à la hauteur de leur devoir respectif, ils auraient de concert provoqué une enquête de *commodo* et *incommodo*, comme l'usage en existait sous l'ancienne monarchie et dans les pays d'États, pour l'ouverture des routes et pour la moindre navigation ou irrigation ; l'on peut voir déjà par la série des effets inhérens aux jachères, quel eût été le résultat d'une enquête.

Si depuis la restauration il y avait eu dans le ministère et les chambres seulement quelques hommes de tradition, ils auraient dit, en voyant tant de merveilles annoncées, qu'en 1755, un Anglais nommé Thull, avait imaginé aussi de suppléer aux engrais, pour la culture des céréales, par la multiplicité des labours ; ils auraient su que cet Anglais, sur les traces duquel s'est mis Arthur Young, avait su capter le suffrage du célèbre Duhamel, et la confiance entière de Lullin de Château-vieux, syndic de Genève, qui lui-même, en ce temps, tenait école d'agriculture.

M. Duhamel persista long-temps dans le système de Thull et, par sa réputation, causa une sorte de perturbation dans l'art de cultiver. A la même époque M. Daubenton fut dupe d'un autre système, qui avait pour objet de faire vivre les bêtes à laine à l'air libre, hiver comme été ; système qui fut encore soumis à l'Académie des Sciences.

Le lecteur peut s'apercevoir déjà que le système des Yvart avec des plantes sarclées n'est autre chose que celui de Thull, par la multiplicité des labours ; il est pire encore ; car cet Anglais faisait laisser une bande intermédiaire sans rien produire pendant un an, tandis que les Yvart, les Tessier, les François de Neufchâteau attendent à peine la fin d'une moisson pour en commencer une autre.

Établissons maintenant une discussion raisonnée sur la question générale des jachères ; opposons, à ceux que le titre d'Académicien semble rendre moins accessibles aux erreurs, les témoignages et les opinions des hommes les plus accrédités dans les sciences et l'agronomie. Cette tâche est d'autant plus délicate et difficile, que ces amateurs ne manqueront pas de se prévaloir dans le monde et dans les salons, de l'aveu formel du Gouvernement et de l'assentiment délibéré de l'Académie des Sciences. Qu'on juge d'après cela de la défaveur qui va s'attacher à notre opposition, quand, dans l'instant même où cette feuille est envoyée à l'imprimerie, il n'y a peut-être pas dans le ministère et dans l'Académie des Sciences deux hommes qui n'approuvent pas le système de la suppression des jachères. Il n'y a donc de notre part qu'une résignation bien profondément sentie, qui puisse nous décider à combattre des champions qui sont forts du crédit des plus hautes autorités et de l'appui d'hommes d'élite, à qui le génie, d'ailleurs, a fait ouvrir les portes de l'Académie des Sciences ; car nous ne nous dissimulons point que c'est dans le monde un mot d'ordre général, de crier *haro* contre les jachères.

Nous allons à notre tour rapporter fidèlement les témoignages les plus augustes contre le système des novateurs dans l'usage des jachères ; nous oserons même nous prévaloir des principes élémentaires avoués et reconnus, en physique, en physiologie, et en économie ; cette marche nous méritera sans doute l'indulgence du lecteur et des savans qui pourraient s'en occuper ; nos conclusions enfin, seront appuyées sur la vérité la moins contestable, celle de l'expérience des siècles.

La première objection qui ait été faite par les ennemis des jachères, c'est l'argument du *repos de la terre*, qu'ils regardent comme une idée non sensée et même absurde. MM. Yvart et François de Neufchâteau, ont à l'envi opposé l'exemple des jardins, dans lesquels (ont-ils dit) il n'y a point de *jachères*; mais, l'exemple est tout-à-fait hors de la question ;

1° Parce que les fumiers y sont jetés de longue main et en abondance ;

2° Parce que la bêche y est l'outil habituel et par excellence pour mieux travailler la terre ;

3° Parce qu'il est démontré qu'un pied carré de terre remuée et fumée, peut porter un plus grand nombre de plantes qu'un pied de surface ;

4° Parce qu'enfin le jardinier le plus vulgaire ne manque jamais de changer de place les diverses plantes qu'il cultive.

M. Chaptal a dit que le *repos* était une expression impropre, il eût bien mieux fait de dire le mot propre ; car, ne lui en déplaise, la physique, l'expérience commune et de grandes autorités, lui en révélaient les causes et les développemens.

Les antagonistes des jachères ont presque eu honte du motif du repos de la terre, car ils le nomment honteux ; mais ce repos n'est point une simple allégation, ou un mot oiseux, et en physique, une idée ridicule ; car il n'y a point dans la nature de soin plus actif que celui de la terre, y compris même celui des mers ; aussi est-elle dans un état d'enfantement continuel ; mais, dès qu'elle a enfanté, elle annonce elle-même le besoin de se reposer. C'est après s'en être bien convaincu, que le simple et avide agriculteur, qui avait fait tant d'ensemencemens fautifs, a reconnu *malgré lui* le besoin ou plutôt la nécessité d'attendre un intervalle plus ou moins long, pour redemander à la terre d'autres moissons céréales; si cet intervalle n'est pas un repos, de quelle expression faut-il donc se servir pour l'exprimer?

On ne s'étonne pas que M. Yvart ait méconnu la juste expression de Virgile, sur le repos de la terre : « *Sic mutatis... requiescunt arva.* » Mais comment M. François de Neufchâteau, si grand littérateur, a-t-il méconnu cette pensée géorgique sur l'agriculture des romains?

Ce repos, au surplus, n'est pas plus étrange que le sommeil des plantes, ce qui, grâce à Linnée, n'est plus un doute. Ce sommeil n'est-il pas un repos? Pendant un hiver rigoureux, la terre alors cesse de produire, et elle ne reprend son activité qu'au retour de l'astre qui en revivifie le sein ; n'est-ce pas encore un repos ? Les agriculteurs, en motivant leurs jachères sur le repos de la terre, sont donc d'accord avec les lois de la physique, et, ce qui est incontestable, avec leur propre expérience.

Le refrain habituel des antagonistes des jachères, c'est d'alléguer et de proclamer que des plantes sauvages s'emparent du sol en chaume, et le salissent de manière à rendre la récolte du blé moins belle et moins productive: les mots *salir* et *souiller* sont de l'invention de M. Yvart ; mais ils n'en sont pas plus justes, ou plus réels, car il semblerait que le sol qui a produit des céréales va produire nécessairement des chardons, du tussilage, de l'hyèble, ou des ronces, quand c'est tout le contraire. On sait partout que ce qui domine le plus alors dans les champs, ce sont les herbes natives, ordinairement substantielles et sucrées, qu'on livre immédiatement au pâturage vif ; ainsi, dans les pays de grande culture, on achète tous les ans dans le Berry, le Gâtinais, et la Sologne, des troupeaux de bêtes à laine, afin de les faire engraisser par les herbes des chaumes ; c'est une ressource, d'ailleurs, que les Anglais et les Allemands apprécient et ne négligent jamais.

Faudra-t-il faire honneur aux ennemis des *jachères*, de ce qu'immédiatement après la moisson, ils mettent les chaumes en labour pour y semer des plantes nouvelles ? Mais d'abord, c'est évidemment se priver d'une ressource acquise et profitable, pour aventurer une autre moisson.

Les *jachères*, selon eux, sont une honte dans notre agriculture ; elles sont, disent-ils, un reste barbare de la féodalité ; elles portent l'empreinte de l'enfance de l'art, elles offrent l'aspect hideux d'un désert *souillé* d'herbages affamans, d'épines et de ronces. Bornons-nous pour toute réponse à faire observer que c'est dans nos pays bocagers, dits de petite culture, et où il y a *constamment des jachères*, que s'offrent les tableaux, pleins de charmes, du départ et du retour des troupeaux dans les hameaux, qu'on entend le mugissement des jeunes taureaux, le hennissement ou le galop des jeunes chevaux qui précèdent leurs mères ; voilà ce que j'ai vu pendant trente ans de ma vie dans ma propriété, entre la Loire et la Seine ; n'est-ce pas en parlant des *jachè-res*, que Virgile, l'homme poète d'un pays bocager aussi, a dit :

« . . . *Alternis idem tonsas cessare novales,*
« *Nec nulla intereà est inaratæ gratia terræ.* »

Qu'il y a donc loin de ces aimables pensées géorgiques et de ces images aux gloses prétentieuses et fausses de MM. Yvart, Tessier, et François de Neuf-château, en faveur du trèfle ou des topinambours dans les étables !

Si les novateurs avaient eu la moindre notion des causes de la fertilité, ils n'eussent point négligé de s'expliquer sur l'humus que la nature se plaît à former pour soutenir la famille immense des végétaux, et qui, pour me servir de l'expression d'un savant naturaliste, est le berceau de la vie des plantes, et la première manne que leur offre la nature ; l'humus, continue-t-il, est d'autant plus riche et facilement soluble , qu'il est formé par un plus grand nombre de plantes ; il se ressent toujours de celles qui ont concouru à sa formation. L'humus, par lui-même, est inodore et sans activité, s'il n'est rendu soluble par la pluie et par les météores, et pour cette cause, il a des nuances infinies. On admire néanmoins son influence quand il a été disposé à s'unir aux plantes ; ainsi, par exemple , une plante qu'on arrache, si on la jette sur un sol riche d'humus devenu soluble, on la voit, semblable à un nourrisson abandonné, s'attacher à cet humus et y reprendre racine.

M. Thaër conseille formellement une *jachère* morte pour en obtenir de la fertilité, parce que, dit-il, il s'y trouve toujours un humus facilement soluble ; mais il veut que cette *jachère* herbeuse soit fumée ; il préfère à tout autre engrais le fumier des étables, il rejette même la chaux que des agronomes conseillent.

M. Thaër n'est point l'ennemi des *jachères*, comme on le dit ; car, en bon et loyal Allemand, il avoue ingénument, que si dans le Holstein on voit autant de *jachères*, c'est que les engrais y manquent ; mais en même temps il convient que les *jachères* herbeuses ou à pâturage vif y disposent admirablement la terre à être fertile.

Il est de fait qu'un sol tenu en *jachère* profite mieux des météores d'hiver, des brouillards, des gelées blanches et de la neige. Bien pénétré de ce principe, un vrai cultivateur doit donc s'attacher, quand il veut faire une novale, à bien former un gazon pacager; ce n'est point là une chose indifférente, qu'il ne craigne point l'envahissement des plantes amères ou parasites; il arrivera à ce gazon ce qui arrive aux herbes des prés naturels : des soins et le pâturage les détruiront assez; l'enchevêtrement et le contact des racines entr'elles, loin de nuire, favorisent au contraire, comme dans les prés, la végétation des plantes natives, qui par l'ineffable bonté de la nature sont toujours utiles et agréables aux herbivores ; on en voit la preuve encore dans le faisceau serré des plantes aquatiques qui se touchent, et qui, néanmoins, s'évitent pour croître et produire. Il n'en est pas ainsi des plantes d'une seule et même espèce qui épuisent vivement le pabulum commun; c'est là du moins un des motifs donnés par Schubler pour prouver l'épuisement causé par les céréales et conséquemment la nécessité des *jachères*. Il est connu en physique, d'ailleurs, que les plantes isolées gèlent plus tôt et plus à fond que celles qui sont agglomérées.

Il est de fait encore que les blés tassent plus dans un sol qui a été mis en pâturage, que dans une terre habituellement cultivée.

Si, pour élever et tenir des troupeaux, et surtout des chevaux, il faut absolument se créer un pâturage vif, ce qui se fait dans tous nos pays de petite culture, il est très-important de donner des soins d'entretien aux gazons pacagers, d'en favoriser la végétation et le maintien ; car il ne faut pas se dissimuler que le pâturage vif sera d'autant plus abondant et meilleur, qu'il aura duré un plus grand nombre de saisons ; le bénéfice qu'il aura ainsi donné compensera bien au-delà celui d'une moisson céréale qui aura été plus ou moins coûteuse ou défectueuse.

Comme dans ma tâche, je n'ai pas seulement pour but de combattre le système des antagonistes des *jachères*, mais encore d'éclairer ceux qui en connaissent bien les avantages, je dois prévenir ces derniers qu'il ne suffit pas de laisser un champ tel qu'il se trouve après la moisson ; il faut en outre lui donner le temps de se bien gazonner ; il faut éviter le parcours des bestiaux sur des terrains bas et humides, et, dans ce cas, assortir les espèces de bestiaux ; car ce n'est qu'après deux et trois ans de pâturage que le sol se couvre le plus d'herbes, et qu'il se solidifie à la surface. En Angleterre même, les agriculteurs laissent leurs *jachères* pacagères avec la forme des billons qu'ils affectionnent le plus ; dans cet état, le sol offre un très-bon pâturage, c'est-à-dire, au printemps, sur le dos des billons, et l'été dans les espaces intermédiaires ; j'en ai vu des effets très-avantageux.

Jetons maintenant un coup d'œil sur la consistance agricole de la France ; elle se divise en deux parties distinctes : la première, la plus étendue et la plus riche, quoi qu'on dise, est celle des pays à petite culture ; l'une comprend au moins 80 départements, et l'autre se réduit à ceux qui, dans un rayon de 25 à 30 lieues, entourent la capitale. Par petite culture, on comprend tous les produits que donnent la charrue, les troupeaux, les arbres à fruits, la vigne et les plantes exotiques acclimatées; une telle culture peut se suffire à elle-même et rigoureusement elle se suffit. La grande culture, au contraire, n'est au fond qu'une grande manufacture de blé-froment, à laquelle malheureusement il faut joindre celle de l'avoine, non moins épuisante que celle du froment ; c'est par les pays de petite culture que sont fournies les viandes de consommation dans la capitale, et tous les chevaux que la grande culture, le commerce et le luxe imposent.

En m'expliquant ainsi, je viens de dire d'une part que les pays de petite culture avaient le plus grand intérêt à conserver le mode ou l'usage des jachères herbeuses, et de l'autre, que ceux de la grande culture ne peuvent trop se hâter de recourir au seul moyen qui peut assurer et transmettre la fertilité.

La glèbe foncière dans les pays de petite culture est divisée *en métairies*, *en closeries*, *en manœuvreries*, *en facheries*, *en borderies*, *en masures et en bastides;* dans toutes ces petites exploitations, il y a éducation de bestiaux, et conséquemment des jachéres pour le pâturage vif; le nombre des arpens mis en culture céréale y excède rarement trois; mais le laitage, les légumes et surtout les châtaignes, le blé noir et les pommes de terre y suppléent à la nourriture et au bien-être.

Dans les pays de grande culture, au contraire, la glèbe est divisée en grandes fermes; il faut rendre grâce à l'instinct révolutionnaire, de ce qu'il n'en a pas provoqué la division ou le partage. Le sort de la capitale en eût été fortement compromis.

Des théoriciens verbeux prétendent que la richesse du sol est dans le pays de grande culture ; mais ils ressemblent aux enfans mal élevés qui méconnaissent et méprisent leur mère nourrice.

La glèbe parisienne, c'est-à-dire celle de la Brie, du Vexin, de la Beauce et d'une partie de l'Orléanais, est soumise à une telle compression annuelle qu'il faut s'étonner de ses produits ; car des expériences ont été faites, et il en résulte qu'un arpent de bon blé peut donner 4 à 5 milliers pesant ; qu'on ajoute à ce poids la quantité énorme des avoines, dont on poursuit même plus assidument les récoltes que celles de blé, et on pourra, avec quelque réflexion, se faire une plus juste idée de l'épuisement rapide et progressif de la fertilité des terres ; dans la nature même, tout a un terme, et il ne faut pas se faire illusion sur le cours de certaines récoltes que la facilité de se procurer des fumiers peut encore entretenir indéfiniment ; mais que les propriétaires, que les fermiers et que les hommes du gouvernement chargés de surveiller les réserves de blé pour Paris y fassent une sérieuse attention ; car si l'ordre actuel des choses venait à s'interrompre, le déficit et la disette en seraient le résultat nécessaire. Que deviendraient le trône et la capitale en présence de quelques cent milliers d'individus demandant du pain ? la force armée ou la police serait-elle bien reçue à offrir le travail de la terre à des êtres que les arts et les métiers ont fait vivre jusqu'alors ?

Qu'on réfléchisse bien encore, que partout dans les pays de grande culture les fermiers obérés demandent des diminutions, et que leur sort se réduit au blé et à l'avoine ; s'il survient des intempéries, ils se dégoûtent de l'agriculture; ajoutons que les propriétaires, qui, sur la foi des théoriciens , s'étaient avisés de faire valoir, ont repris *hâtivement* le mode des fermages, et qu'enfin , de l'avis des meilleurs boulangers et meuniers , jamais les blés-froments jusqu'alors n'ont eu moins de qualités : on les trouve moins sucrés et leur gluten moins élastique ou expansif.

Les novateurs et leurs échos ont voulu effrayer les agronomes sur l'invasion des plantes nuisibles dans les jachères , mais ils se sont contentés de généraliser. Sans nous occuper de cette crainte gratuite et chimérique, nous opposerons , nous, les plantes qui ne *salissent* pas seulement le sol , mais celles qui déshonorent le cultivateur; nous mettrons en première ligne le *raphanus raphanistrum, vel sinapis arvensis,* qui tous les ans domine jusqu'au mois de mai le blé-froment, surtout dans le double bassin de la Seine et de la Marne, où se trouve l'exploitation modèle du fameux Yvart. Nous citerons le topinambour, duquel ce dernier a fait un magnifique éloge, au point de le regarder comme le plus riche présent que l'Amérique ait fait à l'Europe, et dont nul cultivateur aujourd'hui ne veut plus, parce qu'il affame la terre, et que ses revives se reproduisent pendant plusieurs années; nous citerons la vesce sauvage, de laquelle on a fait un grand éloge, et que dans les pays de petite culture on nomme le *grimperiau,* parce qu'il grimpe et s'attache aux tiges de blé; nous opposerons enfin la rougerole ou mélampire, qui apparaît chaque année dans les blés dont le sol est maigre.

Ingen - Housze a déclaré sciemment que l'épuisement causé par les céréales ne se réparait point par le labour, et qu'il n'y avait que l'herbe en masse ou gazon, qui fût propre à recomposer les principes de fertilité. Il a jugé qu'en cet état l'air est moins mis en jeu ; qu'un sol sans plantes attire plus vivement l'air qui se change en acide carbonique, substance, dit-il, dont la terre ne manque jamais.

M. de Humboldt pense que les jachères sont utiles en ce qu'elles favorisent les combinaisons de l'oxigène et de l'hydrogène avec le carbone ; il les croit surtout plus utiles sur les fonds argileux, que sur les sablonneux, en ce que le sable n'a aucune affinité avec le gaz carbonique ; faisant observer d'ailleurs (ce qui est très-important pour les grains couverts à la herse), que si la lumière favorise la végétation des plantes, il n'en est pas ainsi dans le sein de la terre, où elle détruit rapidement le germe des semences.

M. Thaër, qu'il ne faut pas confondre avec Arthur Young, et moins encore avec Emmanuel Fellemberg, déclare formellement que rien n'améliore plus un champ que la terre tenue en gazon ; que si le tissu des racines est serré, elles ne se nuisent point, parce que chacune d'elles ne prend que les sucs qui lui sont propres ; il fait observer en outre que les fanes, les insectes et leurs excrémens favorisent singulièrement la fertilité. Cet agronome, du reste, pratique lui-même l'usage des *jachères ;* car il dit qu'avant de les défricher, il les fait parquer ou fumer.

La *Bibliothèque Britannique,* qui est en grande foi parmi les théoriciens, dit, à l'occasion des jachères, que les plantes sauvages se plaisent entre elles, qu'elles s'entr'aident et prospèrent, tandis que les plantes d'une seule espèce épuisent le terrain. Elle fait observer en outre que la terre n'est jamais mieux disposée à la fertilité, que par le concours d'un grand nombre de plantes de différentes espèces. Cette observation est justifiée par le fait, que sur une toise carrée d'un bon pré naturel, on compte souvent jusqu'à vingt plantes différentes ; on en tire aussi la conséquence que les prés naturels sont infiniment meilleurs que les prés artificiels, et que les fourrages secs en sont plus odorans et plus substantiels, ce que nul agronome de bon sens et de bonne foi ne pourrait contester.

On lit encore dans le numéro 143 (1803), que le meilleur pâturage est celui des jachères sur chaume.

Le numéro 174 répute, comme règle de conduite pour les agriculteurs anglais, de mettre en jachères pacagères les terrains qu'on ne peut améliorer par les fumiers.

C'est dans le même recueil encore qu'on lit que les fréquens labours excitent trop vivement l'exhalaison de l'humide qui s'est fixé dans l'intérieur de la terre, et que c'est pour prévenir cet effet qu'en Angleterre on préfère la culture du chanvre à celle du lin. M. Pictet de Genève, enfin, a déclaré que le blé froment n'était jamais aussi beau après une récolte de pommes de terre.

Arthur Young a reconnu souvent lui-même qu'il y avait des jachères utiles et indispensables, principalement sur des sols argileux, auxquels il faut donner souvent cinq ou six labours ; c'est lui encore qui a dit qu'on stériliserait l'Écosse si on n'y faisait pas de jachères pour le pâturage vif.

On trouve encore deux grandes preuves de l'utilité des jachères ; la première en Egypte, où, malgré les inondations du Nil, chargé d'un limon fertile, on n'y sème jamais le lin à la même place. La seconde est donnée par les rizières, où il est d'usage, devenu une règle, de ne jamais cultiver le riz deux fois de suite sur le même terrain : le fumier même, alors, ne pourrait compenser le repos que la terre réclame. L'eau seule, après un certain temps, y supplée à tous les engrais.

C'est de Genève encore que nous est venu le principe, que la matière végétale n'est pas dans la terre, en ce que des récoltes successives l'épuiseraient, et que la fertilité est due principalement aux divers météores qui y disposent l'humus. (*La suite au prochain numéro.*)

AVIS

Pour les vins gelés dans les tonneaux.

De toutes parts on reçoit des avis que les vins entreposés dans des celliers ont été gelés ; c'est un grand malheur, car ils auront ainsi perdu beaucoup de leurs qualités ; cette circonstance ajoute un intérêt de plus aux graves doléances des pays vignobles.

La chimie n'a rien indiqué encore pour recomposer de tels vins dans leur état naturel : ce serait au surplus une belle et précieuse découverte ; mais comment l'atteindre ou l'espérer ? car le mode qu'elle indiquerait, par exemple, pour le vin de Bordeaux, ne pourrait s'appliquer aussi heureusement à ceux de la haute et basse Bourgogne, et moins encore à ceux de la Champagne.

Le soin le plus essentiel est donc de surveiller les tonneaux pour éviter la rupture des cercles et des fonds ;

c'est encore de bien fermer les celliers, et d'y ramener une plus douce température, afin de prévenir l'échappement de la liqueur par les douves ou les fonds.

Dans cet état, il y a séparation de la partie aqueuse d'avec la partie spiritueuse, qui s'est échappée de l'enveloppe de glace, et s'est fixée au centre même du tonneau, où elle résiste plus long-temps à l'action du froid environnant.

Dans les vins, même communs, cette partie spiritueuse alcoolique est une liqueur excellente ; c'est un vrai nectar que l'art même n'a pu imiter encore, pour la suavité et pour la bienfaisance. Un tonneau de 3oo bouteilles peut donner en général 8, 10 à 12 bouteilles de cette liqueur isolée ; mais ce qui reste dans le tonneau n'est plus que de l'eau faiblement rougie ; cependant, si on y laisse cette partie spiritueuse, la masse entière, par une douce température, se confond peu à peu et reprend de la qualité ; mais ce n'est plus le même vin des cuvées. En pareil cas, les sophistications sont plus à craindre que les bonifications légitimes ne sont à espérer. Il serait digne de nos savans chimistes de s'occuper de ces effets. C'est un avis, au surplus, que les propriétaires dans les vignobles doivent mettre à profit pour ne plus se laisser surprendre désormais par les gelées. R. d. L. B.

AVIS

Sur les pommes de terre gelées.

Le froid extrême qui vient d'avoir lieu a fait geler les pommes de terre qui avaient été mises dans des granges ou celliers ; plusieurs indications ont été données pour en tirer parti dans une telle circonstance ; mais il est utile à toutes fins de rappeler et de dire celles qui paraissent les plus convenables à l'économie ; car il serait très-fâcheux de voir perdre une récolte qui peut encore offrir des ressources : il est de fait que les pommes de terre gelées n'ont encore rien perdu de leur qualité nutritive.

Comme l'action principale de la gelée est de séparer complétement le sucre inhérent à la pomme de terre, il importe beaucoup de se hâter de soumettre celles qui en sont atteintes à un procédé que l'expérience approuve et qu'elle a confirmé.

La première chose à faire est de jeter les pommes de terre dans une eau très-froide, dans laquelle on les laisse 3 à 4 heures, et jusqu'à ce qu'elles aient repris leur saveur et consistance naturelles ; ensuite on les coupe par tranches très-minces, et, pour les faire sécher plus vite, on les met au four quelque temps après la cuisson du pain ; elles sont alors transparentes, crispées et cassantes ; dans cet état on peut, quand on le désire, les porter au moulin, où on fait disposer les meules pour en faire du gruau ou de la farine.

Selon les goûts et les besoins, on peut en faire du pain avec un léger mélange de farine de blé ; cette farine, grillée, est très-bonne pour faire de la soupe : l'amidon n'a rien de commun avec cette farine. Réduite en pâte, cette farine peut servir à faire du biscuit de mer ; dans cet état, il suffit de la préserver de l'humidité : des expériences en ont été faites par de grands navigateurs.

Si l'on destine ces pommes de terre à la panification,

et si on veut en faire des réserves économiques, on les soumet à un pressoir ou à une presse, de manière pourtant à ne pas les déchirer, mais seulement pour en faire sortir l'eau de végétation.

Quand cette eau ne coule plus, on fait du pain avec la pulpe, qui, mêlée de farine et avec un levain plus fort que pour la panification ordinaire, peut donner un pain savoureux.

Un quintal de pommes de terre peut donner de 20 à 25 livres de pain. M. Proust, qu'il suffit de nommer pour inspirer de la confiance, a déclaré qu'il avait fait faire du pain de pommes de terre dont la mie était aussi spongieuse, soulevée et cellulaire, que celui de farine de froment.

Si l'on en destine une partie pour les bestiaux, on fait alors de la pulpe du pressoir des pains plus gros ; mais pour les rendre plus appétissans, on y met du sel et on les met au four, où on les laisse plus ou moins cuire, selon les besoins ou les destinations.

Si d'abord on ne veut avoir que de la fécule, il faut absolument se servir de la râpe, afin de mieux rompre et déchirer le réseau fibreux et briser le tissu vasculaire.

Les tranches desséchées peuvent durer plusieurs années. MM. Einof et Thaër ont été peut-être extrêmes en faisant geler leurs pommes de terre pour en avoir plus d'amidon et de farine.

Pictet, de Genève, a obtenu des résultats qui prouvent de vrais succès de panification.

On peut encore faire une bonne eau-de-vie avec des pommes de terre gelées ; dans ce cas, il faut les passer trois fois pour en obtenir de l'alcool.

69

Les marcs desséchés et même frais sont très-agréables et salutaires aux bestiaux.

Il serait digne du gouvernement de donner de la publicité à cet avis, ou à tel autre qu'il ferait faire, pour prévenir la perte d'une récolte aussi précieuse.

R. d. L. B.

ANNONCES BIBLIOGRAPHIQUES.

Essai sur les moyens les plus propres à prévenir les disettes, par M. DE BUGNY.

Le moyen que l'auteur propose consiste à faire dans les années d'abondance des réserves de blés, pour les années où les intempéries feraient craindre une cherté extrême ou des disettes ; par ce moyen on obtiendrait, selon lui, un prix commun dans tout le royaume, qui favoriserait à la fois les intérêts des producteurs et des consommateurs ; ces réserves seraient confiées à des compagnies de finances qui assureraient (au gouvernement, sans doute) un prix commun déterminé pour les blés et farines.

Cette pensée a été souvent reproduite par des économistes, en ce qu'elle est simple dans sa proposition, et semble l'être d'abord dans son exécution ; mais quand on pense à tous les événemens, à toutes les révolutions auxquelles ont donné lieu des disettes, même factices, on ne peut s'arrêter, pour discuter le moyen proposé ; l'auteur suppose trop facilement que la grande masse du peuple est accessible au raisonnement ; dans tous les temps, au contraire, elle s'est plu à accuser les monopoleurs, et souvent le gouvernement, de la détresse qu'elle subissait, et même de ses appréhensions futures.

Déjà M. Ternaux, il y a quelques années, avait proposé ce moyen, auquel M. J.-B. Say avait donné son assentiment ; ses propositions étaient modérées et même généreuses ; mais le gouvernement n'a pas cru devoir les accepter, et il a très-bien fait ; non qu'il ait douté des intentions de l'auteur, mais parce que dans tous les temps les amas de blé, sur les moindres propos hasardés, ont occupé et inquiété la multitude ; parce que d'ailleurs la conservation des blés et farines est très-chanceuse et dispendieuse ; parce que dans ce genre, on ne peut conclure de quelques silos d'épreuves, à un ordre de mesures générales et en grandes masses ; parce qu'enfin, pour de telles conservations, l'expérience est là qui atteste les vains efforts des Duhamel et des administrateurs des grands hôpitaux, ou des places fortes.

M. de Bugny présume peut-être trop facilement encore que des compagnies de finances s'empresseraient d'assurer de telles réserves dans un État aussi peuplé que la France ; on en trouverait sans doute parmi ceux qui n'ont rien à perdre ; mais il est bien permis de douter que ceux qui se sont fait un nom et un crédit dans les opérations de finances, voulussent se prêter à se faire les nourriciers seulement des grandes villes, et surtout de celles où il y a beaucoup de manufactures.

Il est plus sage, quoi qu'on dise et fasse, de s'en tenir aux erremens qui avaient lieu sous MM. de Sartine et Lenoir. Leur administration était infiniment sage et discrète, et le public y avait confiance ; il leur a fallu souvent faire de grands sacrifices, mais jamais le public ne s'en occupait. L'un de nous s'est expliqué déjà sur le prétendu grenier d'abondance ; que le nom en reste, il est même utile ou politique , mais il n'offrira jamais les réalités qu'en apparence on y attache : sur ce point cependant, il faut rendre grâce aux magistrats de la ville de Paris et les féliciter de leurs soins et de leur sollicitude pour l'approvisionnement de la capitale et de la banlieue , surtout après une année aussi ingrate et aussi calamiteuse que celle de 1829 , et après un hiver aussi long et aussi rigoureux, pendant lequel les moutures et les voies de transports ont été suspendues par force majeure. La juste conséquence est donc qu'ils ont su pourvoir et prévoir.

CONSIDÉRATIONS GÉNÉRALES SUR L'HISTOIRE, servant d'introduction à l'Histoire de l'Agriculture ancienne et moderne en Europe, considérée dans ses rapports avec les lois , les cultes , les mœurs, usages ou coutumes de chaque peuple ; par J. - B. ROUGIER, baron DE LA BERGERIE (1).

Cet ouvrage fort remarquable nous paraît digne des méditations de toutes les personnes qui font de l'histoire l'objet de leurs travaux ou de leurs études.

Une pensée suprême y domine : c'est l'influence de l'agriculture sur les mœurs et coutumes d'un peuple , et conséquemment son importance dans la balance de ses destinées politiques.

L'auteur reproche à tous les historiens d'avoir négligé cette mine si féconde en documens précieux et propres à répandre la lumière dans l'obscurité des

______

(1) Un vol. in-8°, prix, broché, 6 fr., et 7 fr. 50 c. par la poste. Paris, Dentu, libraire, Palais-Royal, galerie d'Orléans, n° 13 ; et Rousselon, libraire, rue d'Anjou-Dauphine, n° 9.

événemens les moins connus. Il soutient que l'histoire, telle qu'elle est écrite et sanctionnée par l'usage, ne peut rendre ni les gouvernemens plus sages, ni les peuples plus heureux. Il réclame conséquemment pour l'agriculture une place plus grande dans le domaine de l'instruction publique. Il place ses intérêts en première ligne, et y subordonne ceux du commerce et de l'industrie, pour lesquels cependant les économistes et les financiers réclament le premier rang. Il fait dépendre le crédit public et les institutions favorables à un peuple, de la prospérité de l'agriculture, et il soutient conséquemment que son histoire est inséparable de celle des rois. Il cite à l'appui de son opinion des faits curieux et assez récens pour être incontestables.

Les jésuites, qu'on rencontre partout, tandis que l'on ne voudrait les voir nulle part, y sont l'objet d'observations fort justes et qui dénoncent encore, s'il en était besoin, leur amortissante influence, même sur l'agriculture.

Ce livre, qu'il convient de lire pour le juger, est riche de faits et d'érudition. Il ne ressemble à aucun autre livre d'histoire, car tout y est neuf ; il offre néanmoins matière aux plus sérieuses réflexions. Tous les agriculteurs et les esprits sages sauront gré à l'auteur d'avoir, avec autant de talent, cherché à assigner à l'agriculture le rang qu'elle est digne d'occuper parmi les institutions sociales.

Semblable au bon père de famille qui cherche à assurer le sort de ses enfans, M. de La Bergerie a voulu faire précéder son *Histoire de l'Agriculture ancienne et moderne* de ces considérations générales si bien faites pour en déterminer le succès.   A. T.

REVUE
AGRONOMIQUE.

RAPPORT GÉNÉRAL SUR LES JACHÈRES.

(SUITE.)

La multiplicité des labours que nécessite la culture des plantes sarclées prive donc évidemment la terre des météores qui lui rendraient de la fertilité ; tels sont les brouillards, les rosées, les gelées blanches. Une terre, au contraire, qui est en gazon, les concentre et les approprie à son humus ; les Anglais, d'ailleurs, nous ont appris que, dans le Bengale, de fréquens labours stérilisaient le sein de la terre.

Nous avons nous-mêmes fait l'observation, en Europe, que, dans les sécheresses, pour prévenir la trop grande exhalation des terrains cultivés à la bêche, l'expérience avait porté à les couvrir d'une couche d'argile, de tourbe en poudre, ou d'un sable très-fin. Tel est l'effet des tuiles percées, en Espagne, pour la culture de certains légumes.

M. Morel de Vindé, que les théoriciens de Paris ne récuseront pas, n'a point hésité pour déclarer à MM. Yvart, Sylvestre et Tessier, que les récoltes du blé-froment étaient infiniment plus sûres et plus belles, après une jachère morte, qu'après un refroissi de trèfles ; il s'est également prononcé contre l'usage des plantes sarclées ; mais ce qui est bizarre, c'est que les explications de cet agronome sont demeurées sans réponse : tant il est vrai que lorsqu'une fois on s'est jeté hors des principes et de la vérité, on ne marche plus qu'à l'aventure.

M. Gasparin, un de nos plus sûrs agronomes, a déclaré que les défrichemens avaient perdu les belles et riches contrées du midi, en ce qu'ils avaient fait cesser le pâturage vif.

A Toulouse, M. de La Faye regarde les jachères comme absolument nécessaires dans les terres qu'il nomme *boulbènes* (terres fortes). MM. Amant de Rodat et Bonnard, pour le département de l'Aveyron, partagent l'opinion de M. de La Faye : l'un et l'autre attribuent tous les mécomptes en agriculture à la suppression des jachères.

En physique, déjà des agronomes attribuent l'extrême variation de la température et ses excès au dénuement des monts, qui, privés de végétaux, ne peuvent fixer les vapeurs, et rétablir l'équilibre, après des orages ou des perturbations accidentelles.

Je crois avoir épuisé, sur la question des jachères, les témoignages les plus sûrs des savans et des agronomes étrangers et nationaux ; il m'en reste encore un auquel j'attache le plus grand prix, celui d'un homme que tous les agriculteurs des pays de grande culture, dans une diète agronomique, déclareraient leur digne président ; parce que, pendant 40 ans consécutifs, il a été un excellent agriculteur praticien, et d'ailleurs un homme généralement cité et renommé par ses vertus civiques et privées. Les électeurs de son département, trois fois, l'ont jugé digne de stipuler les intérêts de l'agriculture, et il a joui d'une égale estime dans la chambre des députés. C'est moins pour ses vertus, cependant, que pour sa science pratique en agriculture, que je veux fortifier mes pensées propres sur les jachères, par le témoignage auguste et raisonné de M. Tronchon, qui m'adressait la lettre suivante, dont je donne ici un extrait (1), et qui met au *néant* tous les argumens contre les jachères.

« Messieurs ,

« Intimidé par la haute réputation de nos agro-
« nomes , j'éprouvais un sentiment de découragement
« en voyant combien j'avais eu de moyens d'améliora-
« tions et de fortune , et combien peu j'en avais pro-
« fité...! »

« J'ai lu les grands principes de M. Y....; mais ,
« comme tous mes confrères, *j'ai persisté dans l'usage*
« *de faire des jachères.*

« L'usage de donner une année de repos à la terre ,
« après une ou plusieurs récoltes, n'a pu être amené
« que par une suite de longues et décourageantes
« épreuves de récoltes successives... L'expérience seule
« peut avoir introduit ce système, que des novateurs
« modernes s'obstinent à nous signaler comme l'en-
« fance de l'art... Mais il n'est point à craindre que
« l'expérience cède à des raisonnemens qui lui sont
« opposés....

« Une méthode de culture qui , après quarante ans,
« résiste à tous les écrits et à tous les prix... une mé-

---

(1) La lettre entière est dans le 3ᵉ tome de mon *Cours d'Agriculture.*

« thode enfin qui fait la base de l'agriculture dans
« les trois quarts et demi de la France, peut être
« mise au rang des choses jugées...

« Dans les arts et métiers... on peut donner des
« avis, même utiles ; mais si l'ouvrier les repousse
« constamment, c'est qu'ils ne peuvent recevoir d'ap-
« plication.

« Pourquoi l'agriculteur, qui a pour lui l'expé-
« rience, refuserait-il des moyens qu'on lui assure
« devoir faire le bien de sa patrie et sa fortune per-
« sonnelle ?

« Les cultivateurs ne sont point encore assez sim-
« ples pour ne pas saisir leur intérêt personnel... S'ils
« se refusent à cette innovation, c'est qu'ils sont tous
« bien convaincus qu'elle compromettrait les subsis-
« tances publiques par la diminution de la récolte du
« froment....

« Il est bien malheureux que les écrivains se soient
« ainsi déchaînés sans aucun ménagement contre une
« pratique qui se trouve soutenue par l'expérience de
« tous les jours et de tous les siècles....

« Il en est résulté une prévention contre toute
« espèce d'écrits... ; car ce n'est point en insultant
« sans cesse à ce que tous pratiquent, qu'on dispose
« les cultivateurs à écouter d'autres sages avis.

« L'anathème fulminé contre les jachères suffisait
« pour faire tomber le livre des mains à tous les cul-
« tivateurs pratiques, et les dégoûter d'en lire davan-
« tage. »

« A Fosse-Martin, ce 27 décembre 1819.

« Signé, TRONCHON aîné. »

J'ai dû commencer cette revue générale sur les jachères, par leur cause d'origine ; j'ai dû suivre ensuite le développement des motifs qui ont pour but leur abolition absolue, les autorités et les suffrages de ceux qui ont approuvé et favorisé le système.

J'ai dû par suite opposer à l'autorité et aux novateurs sur les jachères, les témoignages des hommes les plus recommandables par leur science en physique, en philosophie et en agronomie ; il me reste donc maintenant à résumer les principes et les motifs qui s'opposent invinciblement à une telle et si fatale innovation.

Il s'agit moins de ma part d'établir une discussion méthodique et personnelle, fondée même sur la physique et le raisonnement, que d'opposer au système la tradition historique de l'état et du cours général de notre agriculture annuelle, dans toutes les parties du royaume, même aux portes de Paris ; je veux en faire l'argument positif de la permanence irréfragable des jachères dans les terres arvales, et celui que nulle puissance humaine ne saurait attaquer : L'EXPÉRIENCE DES SIÈCLES (1).

J'ose croire, du moins, qu'après une carrière de plus de quarante ans passés dans la pratique et les études de la science agricole, et qu'après avoir recueilli tous les matériaux qui peuvent servir à l'histoire de l'agriculture ancienne et moderne que j'ai entreprise et commencée (2), j'ai quelques droits de me prévaloir de ma

---

(1) Jusqu'à l'année 1800, il n'avait jamais été question des jachères, comme nuisibles et abusives.

(2) Trois volumes ont déjà paru chez Dentu, libraire.

Le 1er a pour titre : Considérations générales sur l'Histoire.

longue expérience pour avoir une opinion faite sur un système aussi faux et aussi étrange que celui de l'abolition absolue des jachères : je serai court.

Dans tous les âges, les Gaulois, les Francs et les Français ont maintenu la plus grande étendue du sol en état de pâturages ; c'est par lui seul qu'ils se créaient de grands et nombreux troupeaux, dans lesquels ils trouvaient à la fois des ressources pour vivre et pour subvenir instantanément aux nécessités de la guerre.

La consommation des céréales, sans cesse progressive, a fait de siècle en siècle amoindrir l'*étendue des pâturages ;* mais alors même que la charrue et la houe renversaient partout les herbes des vallées et des monts, les coutumes, ou leurs organes préposés, ordonnaient partout la mise en réserve d'un sol pacager communal et son inaliénabilité. Les grands tenanciers d'autre part, dont les revenus se fondaient sur les troupeaux, mettaient, ou plutôt conservaient la quinzième partie au moins de leur glèbe respective en état de pâturages ; car les bêtes à cornes, les bêtes à laine et les chevaux composaient leurs revenus les plus réels.

Ce grand ordre économique, qui fut d'ailleurs celui des Grecs et des Romains, nous a été transmis dans son intégrité par le vénérable Sully ; mais les disettes, les famines et les besoins de la guerre ont fait porter, et de plus en plus, de nombreuses et vastes atteintes à cet ordre primordial, parce qu'à mesure que les ressources diminuaient par les troupeaux, il fallait de né-

---

Le 2ᵉ, l'Histoire de l'Agriculture des Gaulois.
Le 3ᵉ, celle des Grecs anciens et modernes.

cessité se rejeter sur les céréales. La capitale, de son côté, en raison de sa population sans cesse agrandie, a fait insensiblement introduire un autre ordre agronomique. Le bœuf, trop lent dans ses allures, en a été successivement repoussé à 5, 10, 15, 20 et 30 lieues de rayon, et avec lui ont disparu les pâturages vifs ; le cheval tenu toujours en haleine a été mis aux charrues et employé à tous les services qui exigeaient de la célérité; on n'a plus élevé ni bêtes à cornes, ni chevaux, fort peu de bêtes à laine, et le système de la stabulation est ainsi devenu général.

C'est alors qu'on a reconnu et nommé grande culture tous les pays où le pâturage vif avait cessé et où la grande affaire des cultivateurs était de mettre tout le sol en guérets pour en obtenir des moissons de blé-froment, et, par une sorte de nécessité encore, d'amples et continuelles moissons d'avoine ; ce qui a fait mettre le sol culte aux épreuves d'un actif et continuel épuisement des vrais principes de fertilité.

On voit déjà que ce qu'on nomme la grande culture a pris d'autant plus d'extension, que la population de la capitale et de sa banlieue s'est multipliée, de telle sorte, qu'il ne s'y fait plus d'élèves d'aucune espèce et que toute l'action de l'agriculture s'y porte vers le blé et l'avoine. On s'est persuadé quelque temps que les prairies artificielles suppléeraient aux pâturages vifs ; c'est dans cette idée, si fausse et si contraire à la raison, comme au fait, que des théoriciens de Paris ont imaginé et fait annoncer que la stabulation des bêtes à cornes et à laine était le complément de l'agriculture perfectionnée ; alléguant que la masse des fumiers en serait infiniment plus considérable, et

qu'ils rendraient aux terres épuisées la fertilité nécessaire : c'est à ce point que la théorie a conduit son système contre les jachères (1).

Il faut en vérité n'avoir jamais pratiqué l'agriculture,
pour dire que les terres à blé-froment puissent être
fertiles et productives sans avoir subi, après les moissons de blé et d'avoine, la façon de plusieurs labours
et à de longs intervalles. Il y a beaucoup de terres
en France, et de l'aveu d'Arthur Young, qui exigent
cinq à six labours avant de les ensemencer en froment;
cette vérité est si positive qu'on ne peut faire, à ceux
qui proscrivent l'année ou le repos de la jachère, l'honneur de les regarder comme cultivateurs, ni même
comme amateurs.

Cette théorie est d'autant plus fausse et funeste,
qu'elle présuppose, dans la terre habituellement cultivée, un fond inaltérable de fécondité ; tandis que les
moissons de blé et d'avoine, depuis si long-temps admises dans les rotations d'usage, ne font que l'épuiser
de plus en plus dans ses élémens les plus positifs. Il ne
faut rien moins qu'une grande abondance de fumiers,
des parcages et des amendemens bien combinés, pour
voir la terre porter encore néanmoins des moissons de
blé-froment. Quel homme, seulement observateur,
pourrait dire que les labours commandés pour les plantes sarclées, et que leur végétation, même à couper en
v... suppléent à la fertilisation ? Qu'arrive-t-il donc à la
terre, quand ces plantes sarclées montent à fleurs et à

---

(1) Le système de la France est un cours *triennal*, et nos Yvart
n'ont pas même fait attention que celui d'Arthur Young est *biennal*.

graines ? Il est évident que, dans une grande exploitation, tant de houes à cheval en action, nécessitent plus
de chevaux d'attelage ; je ne pousserai pas plus loin ces
observations, car ce serait supposer que le lecteur a pu
être frappé de ce système additionnel.

Je dois avertir ici les propriétaires fonciers et leurs fermiers, qu'ils ont le plus grand intérêt à se pactiser pour
faire passer alternativement et successivement leur glèbe
par des jachères mortes, conservées en pâturage vif.
Ce conseil de ma part est fondé, 1° sur la cause certaine
d'une plus grande et constante fertilisation dans le
sol ; 2° sur l'utilité et les bénéfices d'une partie du terrain tenu en état de pâturage, et qui ainsi tenu, permet-
trait de faire des élèves de bêtes à cornes et surtout
de chevaux. Le propriétaire y gagnerait, puisque sa
terre, maintenue en état d'une vraie fertilisation, se
trouverait plus facile à affermer et sur un bon pris ;
le fermier, de son côté, combinant la mise en réserve
de son pâturage vif avec la fin de son bail, serait assuré
d'une plus riche moisson ; il ne s'agirait plus désormais
que de faire statuer par la législation sur la durée des
baux et sur les cas des tacites reconductions, ou sur
les droits de suite, en faveur d'un fermier sortant, de sa
veuve, ou de ses héritiers, sur la mise en culture d'un
sol qui aurait été mis en réserve à des conditions
stipulées.

Nous venons de voir qu'Arthur Young, Pictet,
Thaër, Lauraguais, Barbançois, Limousin, de Lamotte,
Amant de Rodat, Bonnard, Morel de Vindé, le Nestor
de la Société Parisienne, ont tous reconnu l'utilité et
la nécessité des jachères, et, qu'indépendamment de
cet ordre commandé pour une grande masse de ter-

rains argileux, dits *boulbènes* dans le midi, le meilleur moyen de fertilisation, par-dessus tous les autres, était la jachère morte tenue en herbes vives natives.

On vient de voir que le blé-froment sur le défrichement d'une jachère morte avait infiniment plus de qualités substantielles que sur un défrichement de pré artificiel; dans les marchés d'ailleurs, le blé est plus recherché pour semence, quand il provient d'une jachère herbeuse, et cette préférence existe généralement.

Les pays de grande culture ont donc besoin de prendre une marche rétrograde, pour mieux cultiver et pour obtenir plus de produits; ce moyen leur est offert dans le pâturage vif, et dans la conversion des parties basses du sol, en prés naturels, comme étant incomparablement plus substantiels, et plus appétissans que les prés artificiels, auxquels nous allons incessamment consacrer un article dans cette Revue.

Sous le rapport de la fertilisation, les pays de petite culture sont offerts en modèle, car toutes leurs terres à céréales ont été des pâturages; dans ce pays, il est vrai, la culture du blé-froment n'est exercée que pour les besoins du pays; si ce n'est sur les bords des grandes routes, où les maîtres de poste, pour utiliser leurs chevaux, les emploient à la charrue et à la culture du froment, pour la paille en fourrage.

On ne peut donc comparer la tenue agricole des pays à grande culture à celle de la petite, où se trouve réuni tout ce qui sert à la vie, au luxe, à l'industrie, et au commerce; quand les pays de grande culture sont exclusivement adonnés à la production du froment, où les chevaux absorbent le tiers et plus de l'assolement

triennal, et même tous les fourrages secs ; ceux de petite culture, en se servant exclusivement de bœufs, ne
font dans la belle saison aucune *dépense ;* leurs bœufs
travaillent à la terre, servent aux charrois, et ils sont
vendus encore avec bénéfice ; on conçoit d'après cela
que les agriculteurs ont le plus grand intérêt à en élever et à en tenir des attelages. C'est, en effet, de tous les
pays à pâturage vif que viennent à Paris les millions
de bestiaux qui servent à sa consommation ; c'est à ce
paturage qu'on doit les bœufs de la Gascogne, du Pé-
rigord, de l'Angoumois, du Limousin, du Poitou,
qui, en faisant toujours du bien dans leurs trajets, par
leur service à la charrue, dans la Bretagne, le Maine,
et l'Anjou, arrivent ainsi en vivifiant le commerce
rural, jusqu'aux herbages de la Basse-Normandie.

Dans la Bourgogne, le Morvan et le Charolais envoient annuellement des légions de bœufs aux marchés
de Paris ; il y en arrive également des départemens de
l'est et du nord. Tels sont les immenses tributs, ou plutôt l'immense trésor que, par une juste compensation,
la capitale paie aux pays de petite culture ; a-t-on pu
supposer que les propriétaires fonciers, et même que
leurs métayers, accoutumés à ce tribut annuel, dérom-
praient leurs pâturages naturels, pour les mettre en
culture annuelle, en prairies artificielles et plantes sarclées dont ils ne sauraient que faire ?

Il en est de même des bêtes à laine qui arrivent de tous
les points du royaume aux grands marchés de Paris. Irait-
on dire aux propriétaires : Gardez vos troupeaux de moutons sous les toits, ainsi que le fait le grand Yvart, qui
réduit le sien à faire quelques promenades le long de
la grande route, et qui ne le nourrit qu'avec des four-

rages artificiels et des topinambours? Il est permis de croire, si M. Yvart a dit vrai, que la boucherie de Paris aura mis à l'index le troupeau de cet agronome.

Je n'ai point encore soulevé la question de la stabulation des chevaux, et le grand intérêt de la France à rendre le pâturage vif à ce quadrupède; ce n'est qu'à cette condition qu'il peut y avoir des reproductions suffisantes dans l'espèce et des améliorations dans les races.

Ce n'est pas le moment de nous expliquer sur les haras et sur les étalons déambulans; l'effectif seul actuel en démontre l'inefficacité, pour ne pas dire l'abus et le gaspillage; mais nous dirons avec tous les hommes qui observent, qu'il y a 50 et 60 ans, le Limousin était en possession de produire considérablement de chevaux dont la race a toujours été renommée pour la selle et la cavalerie. Il est vrai qu'alors il y avait règle et principe de ne les monter qu'à six et sept ans; et on doit penser que ces chevaux, pour ne pas coûter de frais d'entretien dans les écuries, ne vivaient qu'au pâturage vif; dans les hivers rigoureux, on leur donnait quelques légères affourrures en foin; mais ils sortaient tous les jours; de tels chevaux vivaient et servaient jusqu'à 25 et 30 ans.

On doit donc penser que, pour trouver du bénéfice à en élever et en vendre, il ne pouvait y avoir que le pâturage vif, d'autant plus facile et économique que le cheval a la facilité de pincer l'herbe la plus courte, et que son pâturage ne nuisait pas aux bêtes à cornes, qui d'ordinaire avaient éprimé les champs dans lesquels succédaient les jeunes poulains avec leurs mères.

Le pâturage vif n'a pas seulement le précieux avantage de fournir la nourriture la plus saine et la plus profitable aux jeunes chevaux, libres d'ailleurs de choisir les herbes qui les flattent le plus, et sur lesquelles l'instinct ne les trompe jamais; il est encore éminemment utile par tous les mouvemens qu'il imprime aux jeunes poulains, par les courses rapides et hardies auxquelles ils se livrent, et par l'air pur qu'ils respirent sans cesse. Peut-on raisonnablement comparer cette vie, ce régime et tous les mouvemens que la nature inspire à leur jeune ardeur, avec la vie de la stabulation et des rateliers, où ils n'ont pas de choix à faire, ni de mouvemens à suivre? Nos théoriciens et nos vétérinaires, dans leurs systèmes de stabulation, ressemblent à ces hommes, qui, à Auteuil et aux Thernes font éclore des poulets dans des couvains artificiels ; mais ces doctes ne savent donc pas que dans le Dannemarck, la Suède et la Pologne, la Bohême, l'Autriche et la Hongrie, les chevaux ne s'élèvent qu'en pâturage vif, et que c'est de ces contrées-là même, que nous tirons nos chevaux de remonte? Ils ne savent donc pas que ce même usage existe en Arabie, en Perse, où, en voyage, les chevaux ne sont nourris qu'au pâturage vif? Ils n'ont donc pas remarqué que, dans la dernière guerre des Russes contre les Turcs, les retards pour entrer en campagne ont eu pour cause, que les herbes n'étaient pas encore poussées ; que dans la Camargue enfin, les chevaux ne vivent qu'au pâturage ?

De règle générale, partout les poulains doivent téter leurs mères, jusqu'à ce qu'ils aient pris goût à l'herbe des champs; cet allaitement n'est point un système, mais un principe excellent pour faire développer les organes ; ainsi, dans l'Arabie, si le poulain promet un type de bonne race, le maître, indépendamment de la mère propre, lui donne le lait d'une autre mère ou d'une chamèle.

Ainsi, dans le pays de nos plus belles mules, on a très-grand soin de faire abonder le lait des mères par un régime qui le rend plus exquis.

Ainsi, dans tous nos pays de petite culture, dans le Poitou, le Morvan, le Berry, le Charolais, quand un métayer veut élever un veau mâle pour en faire un étalon et par suite un bœuf, il lui fait prendre tout le lait de sa mère et y ajoute souvent un supplément; le veau continue de téter, jusqu'à l'âge où, déjà trop grand, il est forcé de se mettre sur ses deux genoux pour atteindre et remuer le pis de sa mère.

Il nous arrive toujours encore des bœufs des pays à pâturage vif; mais, hélas! on ne peut en dire autant pour les chevaux; car ce n'est plus qu'à l'étranger que nous demandons des remontes, et que pour cet objet nous dépensons des millions; la théorie a pourtant fait annoncer que, désormais, on ne fera acheter que des chevaux de France; et, tous les ans, par nécessité, les juifs nous en amènent.

Il y avait autrefois un très-grand nombre de chevaux élevés en Limousin; à peine y voit-on aujourd'hui quelques individus qui rappellent l'ancienne race. Autrefois la Franche-Comté, le Morvan, le Poitou, le Berry, la Bretagne, la Bresse et le bassin de la Garonne, jusqu'à la mer, fournissaient beaucoup de chevaux; mais depuis trente ans, la multiplication, comme l'éducation, s'y sont extrêmement réduites, et ces réductions font un tort considérable à la France.

J'ai tenu jusqu'à présent en réserve l'argument le

plus fort contre le système des labours et des cultures annuelles et perpétuelles, pour démontrer par le fait l'excellence de la pratique du pâturage vif, qui existe dans toute sa latitude et sa perfection dans la Basse-Normandie, où les nourrisseurs élèvent de très-beaux et bons chevaux, et fournissent en outre une très-grande quantité de bœufs gras aux marchés de Paris : voici du reste l'ordre ou l'arrangement qu'ils suivent, sauf des exceptions pour certaines localités et quelques dépenses en substances frumentacées pour achever l'engraissement des bœufs.

Au printemps, ils vont acheter des bœufs dans les départemens circonvoisins, surtout dans le Maine, l'Anjou, la Bretagne et le Poitou : c'est ce qu'ils appellent *aller en maigrage.*

Quand les herbes sont poussées, le premier pâturage est livré aux bœufs ; dès qu'il est éprimé, on met dans le même champ quelques jumens poulinières avec leur suite, ou de jeunes chevaux ; lorsque les bœufs ne trouvent plus à paître avec suffisance, on les change de pâturage et on met alors un plus grand nombre de jumens, poulains et chevaux dans le champ que viennent de quitter les bœufs ; lorsque le deuxième champ est éprimé, on y met encore, comme la première fois, des jumens, des poulains, et dans une proportion convenable. Toute la saison se passe ainsi dans ces mouvemens alternatifs à la suite desquels il sort de la Basse-Normandie beaucoup de beaux et bons chevaux et de bœufs engraissés.

Que la Société d'Agriculture de Paris y députe, comme commissaires, des Yvart, des Tessier, des Huzard, pour persuader aux Normands qu'ils ont tort de laisser leur sol en pâturage vif, et de ne pas le cultiver en plantes sarclées ; ils verront les effets de leur prosélytisme, qui depuis vingt-cinq ans a fait accumuler tant de phrases, de volumes et de prix ; qu'ils aillent encore dans les pays de petite culture, conseiller de préférer le trèfle, la luzerne et le sainfoin aux herbages vifs des jachères.

Pour en finir, c'est l'expérience qui, depuis des siècles, a commandé les jachères, dans l'intérêt même des céréales ; c'est l'expérience qui a démontré que pour élever des bêtes à cornes et des chevaux, il fallait *absolument* s'en tenir au pâturage vif.

Il y a donc eu de la témérité, de l'audace ou une ignorance absolue de l'état de notre agriculture, pour avoir osé porter et répéter si souvent un anathême contre l'ordre des jachères que l'expérience, l'intérêt commun et les lois autorisent ; pour avoir osé recommander la stabulation et les rateliers pour les jeunes chevaux d'élève ; pour avoir enfin cherché à faire prédominer les prairies artificielles sur le pâturage vif et sur les fourrages des prairies naturelles.

Tels sont pourtant les tristes résultats des rêves de quelques hommes, qui, absolument étrangers à la pratique de l'art agricole, se sont évertués à l'envi sur sa théorie, pour se faire à toutes fins une sorte de réputation spéciale. Habiles à profiter des circonstances, et ne trouvant point de contradicteurs, ni dans les agronomes, ni dans le gouvernement, à force de discours et d'apparats pour des prix, ils ont fini par croire eux-mêmes qu'ils étaient en état d'édifier un système rural et de le soutenir ; ils ont en conséquence proclamé leur nouvelle doctrine, contre l'ordre établi pour les jachères.

Tels ont été MM. Tessier, François de Neufchâteau, Sylvestre et Yvart. S'il est vrai de dire qu'on peut naître poëte, il est bien plus certain encore que, pour être un agriculteur éclairé par la théorie et par la pratique, il faut absolument avoir fait, dans ce dessein, des études et des travaux relatifs; il n'y aurait pas même d'exceptions pour les hommes doués d'un grand génie. Les erreurs des trois premiers sont en quelque sorte excusables, par un excès de zèle en faveur d'une science qui tient le premier rang dans notre état agricole; mais peut-on en dire autant de M. Yvart, qui dans ses intérêts a exercé la pratique sur un très-petit coin de terre, au bord de la Seine et à deux lieues de Paris, d'où il a pu faire arriver tous les jours, par les retours des voitures, des charges de fumiers des écuries de la capitale? Ce moyen n'a point été de sa part une invention, car il est commun à tous les fermiers des environs de Paris, même à six lieues de rayon.

Mais en faisant abstraction de cette circonstance, peut-on réputer agriculteur et digne de *donner des lois sur l'agriculture*, celui qui déclare positivement que l'abolition des jachères serait une grande amélioration dans l'ordre des cultures de la France; celui qui annonce, comme un fait et comme un perfectionnement, la stabulation des bestiaux, même pour les bêtes à laine, auxquelles il ne permet que des promenades le long de la grande route; celui qui, pour avoir une plus belle récolte d'avoine, fait bouleverser par la charrue celle qu'il a semée, et alors que les sancs couvrent la terre; celui qui, en place des jachères, cultive et vante les topinambours pour l'ordre des assolemens;

qui regarde cette plante comme le plus riche présent du Nouveau-Monde, et qui nous dit que les tiges de l'hélianthus suppléent au bois dans sa cuisine; celui qui pendant plusieurs années s'est obstiné à dire que la fleur de l'épine-vinette causait la rouille au blé-froment; celui qui, sans mesure ni convenance, a signalé tous les agriculteurs de la France comme des *routiniers*, parce qu'ils faisaient des jachères; celui qui a cité en exemple, comme de bons agriculteurs, ceux qui défrichaient leurs prés naturels, pour s'en tenir exclusivement aux prés artificiels? etc., etc. Voici pourtant le savant agriculteur que M. l'abbé Tessier, en 1813, a déclaré comme un modèle, à la face de l'Académie des Sciences, et qui dans sa *vaste* exploitation était le premier, disait-il, qui ne *faisait pas de jachères;* voici l'homme que M. Sylvestre, faisant allusion au Romain accusé de sortilége pour ses belles récoltes, annonçait à la France comme pouvant dire aux routiniers des jachères ou à ses détracteurs : Voici mes blés, voici mes troupeaux...

M. François de Neufchâteau, d'ailleurs, n'a jamais manqué d'haleine pour louer la haute science de M. Yvart, qu'il n'a cessé de citer en modèle.

M. Morel de Vindé, tout en approuvant le système de la stabulation et l'usage indéfini des prés artificiels, s'est permis cependant de critiquer d'une part l'assolement quadriennal, la méthode des plantes sarclées, et de déclarer de l'autre, que les récoltes de blé-froment étaient plus sûres et plus belles après une jachère morte qu'après des refroissis de trèfle.

Que peut-on espérer maintenant d'un juste retour aux vrais principes de la fertilisation, quand on voit tous les hommes de la science et du gouvernement accorder et manifester une entière confiance envers une société qui se met en guerre ouverte avec tous les agriculteurs, les propriétaires, fermiers ou colons de la France, et qui se fait gloire d'une hérésie funeste contre les seuls et vrais principes de foi dans l'agriculture pratique ?

Que peut-on espérer de la part d'un gouvernement et des sessions législatives qui depuis quarante ans refusent en maîtres à la nation, qui est le leur, la satisfaction d'un code rural, qui, bien établi et par des hommes compétens, mettrait enfin un terme au système déplorable de l'abolition des jachères et de tous les romans qu'on imagine sur l'agronomie?

Si tout ce que je viens d'établir est fondé sur les vrais principes de la physique, de la physiologie et de l'économie rurale, mère légitime de l'économie politique ; si l'expérience des siècles d'ailleurs atteste irrévocablement, encore à présent, l'utilité et la nécessité des jachères, pourquoi le gouvernement dans sa composition directe et indirecte, s'il a quelque science, ou même seulement la conscience de ses devoirs et de sa mission, a-t-il gardé jusqu'aujourd'hui un silence neutre ou passif sur le sort actuel et futur de notre agriculture ?

Pourquoi le ministre de l'intérieur, auquel il ne faudrait rigoureusement qu'un herbage en Normandie, ou une métairie en Gascogne, ou une borderie en Poitou, abandonne-t-il d'habitude à ses commis et à de vieux théoriciens incorrigibles le sort de l'agriculture du beau royaume de France?

Pourquoi le ministre des finances, qui sait, ou du

moins devrait savoir, combien les impôts se paient pé-
niblement dans nos pays de petite culture, laisse-t-il
proclamer une doctrine qui tend à faire intervertir ou
absorber les seuls moyens qui, par la vente des bestiaux,
y donnent quelques écus et les trois quarts *pour lui ?*

Pourquoi le ministre de la justice, encore plus étranger, peut-être, aux causes qui font prospérer l'agriculture, reste-t-il toujours aussi indifférent à la confection
d'un code rural, que la nation et tous les corps administratifs demandent en vain depuis quarante ans, et sur
lequel seul peut s'appuyer l'exercice du droit de propriété dans la glèbe ?

Pourquoi l'Académie des Sciences, qui n'a été instituée
que pour éclairer le gouvernement dans les entreprises
qui se rapportent aux sciences physiques ou mathématiques, a-t-elle laissé, première garante de sa gloire,
des membres de sa section d'économie rurale annoncer
et publier une doctrine aussi fausse dans ses principes
physiques qu'elle est funeste aux grands intérêts nationaux, c'est-à-dire à la fertilité du sol culte ? Car enfin
il faut le croire, le gouvernement ne la paie pas pour
qu'elle garde le silence.

Combien il est affligeant que, depuis la restauration,
les chambres et les ministres du roi, réunis en conseils,
aient déjà laissé passer quinze années sans avoir cherché, les uns ou les autres, à reprendre constitutionnellement le majestueux édifice commencé par l'assemblée
constituante en faveur de l'agriculture, sur laquelle se
fondent, dans toute la force du mot, la paix publique,
le trône et sa dynastie, le crédit en finances et tout ce
qui constitue la prospérité publique !

Qu'il est pénible, pour ne pas dire honteux, de voir

à la fois les hommes du gouvernement et de la science, réduire et forcer en quelque sorte les vrais agronomes et l'ordre si respectable des cultivateurs, à combattre en 1830 le marivaudage agricole de François de Neufchâteau et les petites spéculations de M. Yvart, qui, sur la foi ou le mot de certains Anglais, vains théoriciens ou mystificateurs, ont imaginé le système le plus subversif et le plus contraire à toute loi physique, comme à tout ordre économique !

On conçoit qu'en politique il y ait des hommes qui voudraient faire rebrousser la France nouvelle jusqu'au règne du glorieux Louis ; mais la plume tombe des mains quand on voit les hommes du pouvoir et de la science, à qui le roi a confié le sort de la nation et du trône et les progrès des lumières, se laisser aller comme des bâtons flottans, à l'impulsion imaginative de quelques hommes qui n'ont pas même pour eux la connaissance des premiers élémens des pratiques agricoles et de la physiologie, qui annoncent avec emphase la pierre philosophale en agriculture, et déclarent que la pratique générale de l'agriculture en France est une honteuse et condamnable routine.

Mais quelle pratique suivent donc les propriétaires fonciers et les cultivateurs d'amodiations, si ce n'est celle des Grecs et des Perses aux temps de leur gloire, si ce n'est celle des vieux Romains? N'est-ce point encore celle des temps de Charlemagne, de Charles V, de Henri IV et même du grand roi? Des siècles de ténèbres se sont passés sans doute sur le sol de la France ; mais peut-on nier raisonnablement que le dix-huitième n'ait pas été celui des lumières, surtout pour la physique et la physiologie? C'est dans ce même siècle qu'on a vu les Buffon , les Malesherbes , les Lavoisier , les Franklin , tous membres ou agrégés de la première société d'agriculture de Paris, et à qui il n'est pas même venu dans l'idée de blâmer les jachères, parce qu'ils y voyaient le pâturage des bestiaux, et par suite la cause première de la fertilité du sol et de sa continuation.

Devait-on s'attendre qu'en commençant le dix-neuvième, on verrait abandonner la cause et les intérêts de l'agriculture à quelques théoriciens de circonstances qui, n'ayant les uns que la mousse du génie, et les autres qu'une loquèle hardie, viendraient interrompre l'expérience de tant de siècles, et mettre dans leur cause les hommes du gouvernement et de la science , pour annoncer le rêve d'une fécondité perpétuelle, par des labours et des cultures continus, et par l'abolition absolue des jachères ?

J'ai donné tous mes soins à cet article sur les jachères, mais je ne prévois que trop quel en sera le sort : il aura celui de mon *Cours* sur les abus des défrichemens , sur la destruction des bois , sur un code rural et sur les souffrances de l'agriculture.

Il règne en effet dans le monde, et surtout dans le vaste foyer de la capitale, un trop vain amour-propre , qui, dans certains fonctionnaires du premier rang, ressemble beaucoup aux suffisances de l'omniscience ; laquelle ne revient jamais sur rien. On reconnaît partout un esprit d'intrigue occulte et mystérieux, toujours habile et toujours heureux à posséder, ou à se faire créer des sinécures ; il y règne encore une opinion politique et littéraire qui rejette et bannit plus loin et plus vivement qu'autrefois les intérêts et les jouissances de la vie champêtre; on y est dominé par le fatal attrait de l'agio, qui, plus qu'en aucun autre temps, fait donner une haute préférence aux billets d'état et de bourse, qui ne gèlent jamais, sur les revenus des biens-fonds, que les intempéries et le fisc frappent sans cesse. Un vaste et profond égoïsme enfin, que les gens de cour, les idéologues et les nouveaux docteurs prennent pour de la philosophie, laisse peu d'espoir sur un meilleur ordre de choses, relativement à l'agriculture, cette base commune de tous les intérêts, et même de ceux des finances.

Ce serait trop présumer de mes réflexions sur le sort de l'agriculture actuelle, de penser que les hommes du gouvernement, émendant leurs erreurs et leurs participations au système que je viens de combattre, voudront bien s'occuper enfin des intérêts de la patrie, à qui le trône d'ailleurs est cher et nécessaire; qu'ils adopteront désormais d'autres principes d'administration, et qu'ils choisiront du moins pour l'ordre des choses agronomiques, leurs coopérateurs ailleurs qu'à Paris, et les préfets ailleurs que dans les hommes de la cour, ou dans ceux de la congrégation, ou dans les nullités titrées.

L'Académie des Sciences elle-même se couvrirait de gloire en rétractant noblement son adhésion à une doctrine tellement subversive des principes physiques et physiologiques, qu'on ne peut plus voir en elle les dignes successeurs des Lavoisier, des Malesherbes, des Francklin, ni même ceux des Bourgelat, et des Rozier; il serait digne d'elle de rappeler sa section d'économie rurale aux vrais principes de la physique, car elle a déjà fait bien du mal à notre agriculture. Que l'Académie, au surplus, fasse bien attention que ce serait faire rétrograder les sciences, que d'admettre, par esprit de corps, une solidarité dans les erreurs.

Si j'eusse été membre de l'Académie des Sciences, et je le dis sans intérêt, puisque je ne suis plus d'âge à me faire aspirant, j'eusse prévenu, peut-être, les déclarations et les sanctions données au système ; j'ai dû espérer un instant de faire partie active de cette académie, puisque déjà j'avais été *élu* à une presque unanimité , *membre de l'Institut;* en conséquence, je m'étais mis sur les rangs pour succéder au vénérable Parmentier, mon ami ; j'avais innocemment pensé qu'au lieu de faire des visites d'usage, je devais me borner à confier ce désir à ma section ; cependant, pour mieux éclairer l'Académie, je fis imprimer la liste de mes travaux agronomiques, parmi lesquels les uns avaient été agréés par elle, et d'autres avaient été imprimés par ordre du gouvernement pour le conseil d'État ; mais je n'en ai pas moins été éconduit de la manière la plus perfide, par d'anciens confrères qui m'avaient d'avance, en quelque sorte, assuré les suffrages de l'Académie ; je me suis donc alors, moi-même, jugé éliminé pour tout concours ultérieur, et depuis ce temps, je n'ai pas remis le pied aux séances de l'Académie ; mais je n'ai point cessé de me montrer digne d'elle par la continuation de mes travaux, entre autres par un *Cours complet d'agriculture pratique,* contre lequel, pour les principes du moins, il ne s'est pas élevé une seule voix digne de se faire entendre dans cette partie.

Je regrette d'autant plus cette injustice de la part de la section d'économie rurale, que l'Académie, mieux instruite sur le sort de notre agriculture, aurait entendu sans doute avec quelques égards celui qui, dans la première société royale, avait succédé par élection à M. de Buffon ; qui, avant l'empire, avait été membre du conseil d'agriculture de l'intérieur ; qui avait constamment produit des ouvrages utiles ; celui enfin qui, par une agriculture pratique qui a duré trente ans, avait acquis le droit, comme le doyen peut-être des agronomes, de défendre nos intérêts nationaux, ou du moins de donner son avis sur les cultures usitées dans le royaume.

Je demande pardon au lecteur de l'entretenir de moi ; mais je le devais, puisque si je ne suis pas de l'Académie, j'ai mérité du moins d'en être ; ma première élection le prouve, et me suffit.

Terminons par une réflexion que je crois opportune et amie : la société royale et centrale, elle-même, se montrerait digne de son titre, si après un mûr examen, elle reconnaissait que sa doctrine contre les jachères est fausse, abusive et dangereuse. Il y a de la sagesse à ne pas commettre de fautes ; mais il y a de la grandeur d'âme à reconnaître une erreur qui compromettrait à un si haut point la science, l'économie et tout notre système d'agriculture, dans laquelle, quoi qu'en disent les hommes de l'agio et les flatteurs, se trouvent les plus chers et les plus grands intérêts du trône, de la patrie et de la postérité.

J.-B. ROUGIER DE LA BERGERIE.

QUELQUES RÉFLEXIONS

Sur les grands accidens de température, et par suite sur les rigueurs de l'hiver de 1829 et 1830.

Parmi les choses qui se rapportent à une revue agronomique, il convient de mettre au premier rang les grands accidens de température de l'année agricole qui vient de finir, afin de se tenir toujours en mesure contre les besoins ou les fléaux qu'ils comportent ; c'était la pensée ou la manière de se conduire des anciens ; c'était aussi le précepte formel de Columelle, qui voulait que tous les ans l'agriculteur tînt en observations le cours et les événemens de chaque année : *mores cœli intueatur*. On doit à Théophraste cette autre et profonde maxime : « que c'est l'année qui fait les fruits et « non la terre ; *Annus fructificat, non tellus.* »

Quoique les longs et rigoureux hivers offrent en général quelques périodicités et des effets analogues dans les siècles antérieurs et même dans le siècle courant, il ne faut pas croire pourtant que les mêmes causes produisent toujours les mêmes effets, et surtout quand la terre, de siècle en siècle, change d'état à sa surface.

Le ciel a une marche et des lois qu'il n'est pas donné à l'homme, même avec les plus grands yeux d'emprunt, de connaître, d'assigner et de prévoir.

A force d'avoir fait des observations, des supputations et surtout d'avoir suivi celles des anciens, des astronomes modernes sont parvenus à prédire des éclipses et parfois des comètes. Ils se sont presque tous enorgueillis de ce genre de gloire, que le vulgaire de chaque siècle a regardé comme des participations à la science céleste ; mais ces prédictions au fond n'ont été en quelque sorte que des satisfactions personnelles, et non des conquêtes du génie, propres à instruire l'homme réduit ou condamné à travailler la terre pour vivre.

Les planètes n'en suivent pas moins leur cours primordial, et on n'oserait pas assigner aux comètes une influence positive sur les êtres et les choses de la terre.

Il peut être vrai que celle de 1811 ait été favorable aux fruits de l'année, mais cette influence ne peut prendre rang parmi les aphorismes de la science agronomique, qu'autant qu'on pourrait justement en prévoir le retour; il est possible d'ailleurs que d'autres comètes se forment, et que leur apparition n'ait pas lieu dans les mêmes circonstances que celles de 1811.

Mais si le ciel dans ses grands mouvemens a peu d'influence sur les choses et les êtres que tient la terre, il n'en est pas ainsi de son atmosphère ; car c'est là le grand foyer, la grande officine de tous les événemens qui viennent affliger, inquiéter ou consoler la terre. C'est vers cette partie du ciel que les astronomes et les savans, s'ils veulent bien mériter de l'agriculture et de la patrie, doivent diriger leurs observations et chercher à se composer, comme l'avait voulu *Lamark*, une science vraie sur les météores, dans leurs rapports avec les lunaisons, desquelles on ne peut séparer les influences que la terre en ressent.

Des savans aventureux ou mystificateurs ont attribué le changement ou le désordre des saisons de l'an 1829, et le rigoureux hiver que nous avons subi, aux montagnes de glace qui se seraient détachées du pôle nord, et qui voguant à travers l'Océan, ont jeté une immense et active froidure dans l'atmosphère; mais ce n'est là qu'une conjecture qu'il serait difficile d'expliquer et plus difficile encore de réduire à des applications effectives. Le vaste champ toutefois que l'hiver vient de s'arroger et que les aquilons ont avec lui parcouru librement, depuis la Newa jusqu'au Tage, est en effet un accident de température bien extraordinaire; il serait glorieux de pouvoir en assigner les causes, et bien plus encore de pouvoir, en cas de retour, en atténuer les rigueurs; ce qui ne serait peut-être pas impossible, si les hommes de la science et des gouvernemens voulaient s'entendre. Il ne s'agit pas ici, au surplus, de créer ou d'aventurer des systèmes et moins encore d'interroger le ciel; car les causes de ces excès se révèlent ici-bas à tout observateur de l'ordre et des lois de la nature, et sur ce point, sans recourir à des transcendances, nous allons offrir des faits et des raisonnemens qui s'accordent du moins avec les anciennes réalités des climats.

Il n'a pu échapper à l'homme qui seulement a lu l'histoire, que dès la naissance des sociétés, il y a eu des guerres terribles, et dont le mot d'ordre général a été constamment de tout détruire et même les arbres; c'est ce qui est arrivé sous les républiques, comme sous les tyrans; on sait le mot de Denys aux Locriens: *Vos cigales ne chanteront plus qu'à terre.* La destruction des arbres a d'ailleurs occupé presque tous les grands chefs des guerres, entre autres Darius contre Alexandre: Les Romains ont mis à dessein tous les bois de la Grande-Bretagne *à blanc étau,* c'est-à-dire rasé, même les bois sacrés; et c'est de cette époque-là même que datent pour elle le désordre et l'ingratitude de ses saisons. La civilisation n'a pas rendu plus sages les autres monarques, ni Charlemagne en Saxe, ni Louis XIV dans le Palatinat et dans les Cévennes.

Nous en étions venus néanmoins en France, et par l'excès des malheurs publics, à mettre en sévère conservation *les eaux et forêts.* Jamais, jusqu'alors, la science et la physique n'avaient mis plus en évidence la nécessité de cette mesure, pour l'ordre et le maintien de la température, et surtout pour les besoins de l'Etat et pour ceux des familles ; le préambule de l'ordonnance de 1669 est en soi un chef-d'œuvre de science et d'économie ; l'Académie des Sciences n'a rien fait, ni rien dit encore qu'on puisse lui comparer.

A la révolution de 1789, les arbres, les bois et l'ordre si sage établi pour les *eaux et forêts*, ont été sacrifiés comme les choses de la féodalité ; l'assemblée constituante elle-même a été entraînée dans le cours irrémédiable de ces destructions.

C'était exercer un acte formel de propriété que d'abattre les arbres, les plantations, les boqueteaux, et de défricher le sol des bois vendus nationalement ; aussi de tels actes, que sollicitaient à la fois les intérêts et certaines appréhensions, ne se sont pas fait long-temps attendre ; il y a eu partout, parmi les acquéreurs, une émulation générale pour faire des actes de propriétaires.

Des centaines de millions d'arbres fruitiers ou forestiers, des bois et boqueteaux, et des futaies, ont ainsi disparu du sol ; et le sein de la terre que la nature avait pris soin d'obombrer d'espace en espace, et d'où s'échappaient des sources vives si utiles à notre température, s'est trouvé exposé tout à coup à une fatale dénudation, à la suite de laquelle il a fallu subir des sécheresses, des inondations calamiteuses et des froids extrêmes, ou des météores désastreux.

Dans la terreur, la hache, la charrue et l'écobue ne se sont point arrêtées, que les onze douzièmes des acquéreurs n'aient mis les bois en guérets céréals. Combien ces destructions présagent un sinistre avenir au midi de la France !

Sous l'empire, on a voulu procéder à une conservation des eaux et forêts; mais comme le maître ne s'en occupait que pour doter ses cliens des places de conservateur et d'inspecteur, son décret n'a pris aucune date dans l'ordre des lois conservatrices; il est même tombé dans le domaine du ridicule, quand on a vu Bergon, le directeur général, et François de Neufchâteau, vouloir faire mettre les eaux et forêts en régénération, par des médailles données aux gardes forestiers; mais le plus grand malheur pour elles n'était pas encore arrivé, celui de la vente générale des forêts, du domaine et des communes, méditée et proposée dans l'intérêt des finances.

En 1813, on avait proposé cette même vente; mais alors le comte Molé s'y opposa avec tant de force et de raison, que l'empereur n'insista plus.

A la restauration, le parti financier, qui cède encore moins que les sangsues, a remis en question la vente des bois. Les chambres, trop habituellement faciles, s'y sont prêtées; elles ont même cru faire acte d'une profonde politique, en consentant cette vente qui a eu immédiatement les mêmes effets que celles de la révolution.

Le président du conseil, en 1827, qui voyait tout autour de lui gronder l'orage, et qui peut-être s'était aperçu que la France gémissait de la destruction des bois et qu'elle s'alarmait sur l'avenir, crut devoir, pour la flatter, si ce n'est plutôt pour détourner l'attention des députés, proposer constitutionnellement un projet de conservation, surnommé *Code forestier.*

Devait-on s'attendre que ses auteurs et que le rapporteur, qui sans doute avaient lu du moins le titre et les motifs de l'ordonnance de 1669, oseraient disjoindre des forêts, les eaux que la nature, avant toute loi, avait confondues avec les forêts ? car il est de fait que les eaux font les forêts, et que les forêts font les eaux ; comment des Bouthilier, des Favart-Langlade, ont-ils osé se permettre de violer et de scinder une législation et une dénomination que toute la France avait si long-temps sanctionnées, et même au nom de la nature ?

Ces premières réflexions ayant pour but de démontrer par une série de faits imposans, que les intempéries et que les météores qui affligent l'agriculture ont pour cause aujourd'hui l'immense destruction des forêts en Europe et spécialement en France, nous nous proposons d'en reprendre le cours, et de donner des preuves telles, que l'agriculture, la science et le gouvernement en soient du moins éclairés pour l'avenir.　　　L. B.

ANNONCES BIBLIOGRAPHIQUES.

Histoire de l'Agriculture des Gaulois, depuis leur origine jusqu'à Jules César, considérée dans ses rapports avec les lois, les cultes, les mœurs et les usages, contenant en outre : 1° l'histoire chronologique de leurs grandes émigratious, de leurs conquêtes, de leurs colonisations en Europe et en Asie, et de leurs exploits militaires ; 2° des faits importans, la plupart inédits ou méconnus, et qui se rapportent à l'histoire générale des Grecs, des Romains, et des grands peuples de l'Europe et de l'Asie mineure. Par M. *J.-B. Rougier, baron de La Bergerie*, ancien préfet, etc. (1).

(1) Un vol. in-8. Prix : broc. 6 fr. et 7 fr. 50 c. par la poste. Paris : Dentu, libraire, Palais-Royal, galerie d'Orléans, n° 13, et Roussotou, libraire, rue d'Anjou-Dauphine, n° 9.

C'est une entreprise grande et noble que celle d'écrire l'histoire générale de l'agriculture ancienne et moderne; il appartenait à un homme qui a fait de l'étude des sciences agricoles l'occupation de toute sa vie, de se consacrer à ce travail, aussi important qu'il est plein d'intérêt.

La partie que nous annonçons, qui traite de l'agriculture gauloise, n'était pas celle qui présentait le moins de difficultés. La tradition, pour les premiers temps de l'existence des Gaulois, est l'unique guide qui puisse aider à pénétrer dans l'obscurité de ces époques reculées; elle seule encore vient opposer ses révélations aux faits écrits par les historiens des nations contemporaines, dont beaucoup avaient intérêt à ternir la gloire des Gaulois. Aussi que de préventions sont répandues contre eux ! et ce nom de barbares, tant de fois répété, semblait devoir encore repousser toute idée d'investigation. Eparses çà et là, au milieu de ces mêmes récits, brillent cependant quelques étincelles de vérité; mais pour s'en servir comme de jalons propres à tracer la route la plus près du vrai but, il fallait le jugement d'une saine critique. C'est pourquoi, avant de produire les documens agricoles, M. de La Bergerie a cru nécessaire d'aborder succinctement les principaux faits de l'histoire gauloise, dont le souvenir a traversé les siècles comme pour attester l'existence d'un grand peuple, digne d'un tout autre nom que de celui de barbare. Cette partie n'est pas la moins intéressante du livre; l'auteur y a trouvé l'occasion de ramener à leur juste valeur toutes ces fictions merveilleuses de l'histoire romaine, et les oies sauveurs du capitole ne lui ont pas paru un épisode plus vrai que l'intrépidité de Camille relégué à Ardes pendant que Brennus dictait des lois dans Rome.

L'ouvrage de M. de La Bergerie nous fait donc connaître non-seulement l'état de l'agriculture dans la

Gaule et les productions du sol aux différentes époques, mais encore la religion, les mœurs et les usages des Gaulois, ainsi que leurs émigrations innombrables qui décèlent un peuple dont la population est exubérante, et qui a besoin, pour soulager la mère-patrie, d'établir des colonisations lointaines ; principale preuve en faveur de son importance, comme nation organisée et agricole, car la population croît en raison des subsistances.

Il n'est point de bibliothèques auxquelles cet ouvrage ne convienne ; les hommes les plus étrangers à l'agriculture y trouveront une lecture intéressante, variée et riche de faits ; le cultivateur, des renseignemens précieux qu'il recherche partout avec avidité ; les savans eux-mêmes s'étonneront de l'immensité des recherches qu'a nécessitées un pareil travail et du savoir profond qui y a présidé.

A. T.

Parmi les ouvrages nouveaux qui intéressent l'agriculture, nous annonçons avec satisfaction un JOURNAL DE MÉDECINE VÉTÉRINAIRE THÉORIQUE ET PRATIQUE, publié par MM. *Bracy-Clark*, *Crepin*, *Delaguette*, *Godine jeune* et *Le Blanc*, tous honorablement connus dans les sciences et l'art vétérinaire.

Cette production périodique a d'autant plus de prix pour les agriculteurs, qu'ils pourront enfin juger avec plus de certitude des diverses méthodes suivies dans les grandes écoles vétérinaires, et dont ils n'avaient connaissance que par des discours officiels, aux époques des distributions de prix. Nous voyons avec plaisir que les auteurs s'occuperont aussi du bœuf, si cher et si précieux à l'agriculture du royaume ; nous y avons remarqué avec un vif intérêt encore une observation de fait de M. Prévôt, vétérinaire de Genève, sur les effets des feuilles de betteraves livrées en pâturage vif à des brebis pleines ; nous en ferons notre profit quand nous traiterons de la culture de cette plante et des ressources qu'elle offre dans l'économie rurale. Bientôt nous-mêmes nous offrirons quelques vues d'améliorations dans l'organisation actuelle des écoles vétérinaires de Lyon et d'Alfort.

On souscrit pour ce journal, chez Raynal, rue Pavée-Saint-André-des-Arts, n° 13, et chez Rousselon, libraire, rue d'Anjou-Dauphine, n° 9. Le prix de l'abonnement, par an, est de 13 fr. pour Paris, de 15 fr. pour les départemens, et de 17 fr. pour l'étranger.

AGRICULTURE.

Programme des prix proposés par la Société d'Encouragement pour l'industrie nationale.

1° Deux prix *pour la plantation des terrains en pente.*

L'un de 3,000 fr. et l'autre de 1,500 fr. L'étendue ne pourra être moindre de vingt-cinq hectares; la plantation devra avoir au moins cinq ans; le terrain devra porter au moins quarante-cinq degrés d'inclinaison. La Société désigne les chênes, châtaigniers, hêtres, micocouliers, aliziers, frênes, merisiers, ormes, ou seulement trois ou quatre de ces espèces.

Les concurrens devront envoyer leurs mémoires et les certificats des autorités locales, ainsi que l'état de leurs plantations, avant le 1er juillet 1830.

2° Un prix *pour la détermination des effets de la chaux employée comme engrais.*

Le prix sera de 1,500 fr., pour être décerné en 1830.

Les concurrens devront produire un tableau des ex-périences qu'ils auront faites, et celui des analyses des pierres calcaires d'où sont provenues les chaux em-ployées ; ils feront connaître aussi les terres sur les-quelles ces chaux auront été répandues.

Le concours restera ouvert jusqu'au 1er juill. 1830.

3° Un prix *pour l'introduction des puits artésiens dans les pays où ces puits n'existent pas.*

Elle offre trois médailles d'or, chacune de la valeur de 500 francs.

Les concurrens devront fournir des certificats au-thentiques avant le 1er juillet 1830.

4° Un prix *pour la construction d'un moulin propre à nettoyer le sarrasin.*

Ce moulin devra dépouiller le sarrasin de son écorce noire, et faire une espèce de gruau qui puisse être em-ployé immédiatement.

Le prix sera de 600 francs.

Les concurrens devront adresser un modèle de leur moulin, avec un mémoire descriptif ; l'envoi devra être fait avant le 1er juillet 1830.

5° Prix *pour la description détaillée des meilleurs pro-cédés d'industrie manufacturière qui sont ou qui peu-vent être exercés par les habitans des campagnes.*

Le premier sera de 3000 fr. pour l'auteur qui fera le mieux connaître les industries manufacturières qui sont actuellement pratiquées dans les campagnes.

Elle accordera un second prix de 1,500 fr. à l'auteur du travail qui aura le plus approché du premier.

Elle exige que les dépenses et les bénéfices du travail

soient bien établis, et que les ouvrages soient accompagnés de dessins; elle invite les concurrens à proposer des améliorations qu'il leur paraîtrait possible d'introduire.

Ces prix seront décernés dans le second semestre de 1830 ; les mémoires devront être envoyés avant le 1ᵉʳ juillet de la même année.

A la prochaine livraison, nous ferons connaître les autres prix qui ont rapport à l'agriculture.

REVUE
AGRONOMIQUE.

PRAIRIES ARTIFICIELLES.

Deux choses sont encore fortement recommandées par la théorie : l'abolition des jachères et l'extension des prairies artificielles ; c'est à cela que se réduit rigoureusement le catéchisme fondamental de la Société royale normale d'Agriculture de Paris.

Dans la dernière livraison nous avons traité à fond la question des jachères ; l'ordre méthodique et l'intérêt public nous prescrivent de traiter de même, et immédiatement, celle des prairies artificielles ; nous allons tâcher de le faire avec des preuves tirées de leur emploi dans les consommations, et du raisonnement que la science physique ou physiologique autorise ; nous y joindrons celle que suggère partout l'expérience dans notre économie rurale. Cette question est d'une plus grande importance encore que celle des jachères; car sur ce dernier point, les pays de petite culture se sont maintenus jusqu'à présent en opposition constante au système parisien contre les jachères, tandis que les prairies artificielles y sont généralement admises ou connues ; il s'agira donc moins d'établir l'origine toute nouvelle des prairies artificielles, d'en contester l'emploi ou le mérite, que de chercher à prouver, par des principes physiologique.

et par une expérience positive, acquise déjà, les influences que les diverses plantes admises en prés artificiels
peuvent avoir sur le sort de l'agriculture en général, et
spécialement sur la fertilisation des terres cultivées en
céréales. Cette dernière considération, j'en avertis d'a-
vance le lecteur, touche à la fois aux sciences physiques, au sort de la génération actuelle, comme à
celui de la postérité, puisqu'il s'agit d'une part de la
température des climats, des causes de maintes altéra-
tions à la surface du globe, et de l'épuisement successif
de la fertilité de la terre, qui est devenue, plus que
jamais, par l'agriculture, la mère nourrice du genre
humain. Toutes ces considérations réunies formeront
un corps de preuves qui mettront à portée les dignes
propriétaires fonciers, les cultivateurs, les vrais savans, et peut-être un jour les hommes du gouvernement, de se prononcer pour de plus sages principes
dans notre carrière agronomique.

C'est encore Arthur Young qu'il faut accuser de nos
erreurs dans l'usage des prairies artificielles; Broussonet, qui avait une foi entière dans la science accom-
plie des Anglais pour l'agriculture, s'était chargé de la
déclaration de guerre à faire au cours des jachères; son
texte perpétuel fut l'exemple des Anglais, qu'il regardait comme infaillibles dans l'art de cultiver. Quant
aux prairies artificielles, il fit choix d'un jeune professeur à l'école vétérinaire d'Alfort, dont le zèle et
l'ardeur même lui parurent propres à faire la révolution des prairies artificielles, sans lesquelles Arthur
Young prétendait qu'il ne pouvait y avoir une bonne
agriculture. Gilbert, qui déjà suivait les séances de la
Société royale d'Agriculture, fut, comme Broussonet,

épris de la pensée et des conseils du voyageur anglais, dont le nom était déjà proclamé comme une autorité en Suisse, et surtout à Genève; Gilbert, dis-je, entreprit courageusement de parcourir le vaste territoire de la généralité de Paris, depuis Mantes jusqu'à Vezelai. Sa mission était d'accréditer l'usage des prairies artificielles, et d'en montrer les immenses avantages, par l'adoption même que les Anglais en avaient faite dans les trois royaumes. L'intendant de Paris et le secrétaire de la Société d'Agriculture lui donnèrent des lettres de créance; dès la seconde année, Gilbert put faire son rapport, qui a été imprimé, et qui est très-connu. On pourrait peut-être lui reprocher, dans une question toute rurale pour la France, d'avoir fait intervenir les plus illustres savans de la Grèce et de Rome, et même leurs historiens; mais c'était alors une lettre de passe pour arriver aux grades et aux places littéraires. Cet usage n'est pas perdu, car on ne pourrait citer un seul rapport sur l'art vétérinaire où il ne soit question, même à propos du pied du cheval, de Xénophon, d'Aristote, de Théophraste, de Pline ou de Virgile. Ce luxe, en soi, est un abus qu'il faudrait abandonner, surtout quand nous avons les œuvres des Bourgelat et des Vicq-d'Azyr, desquelles, pour l'érudition du moins, on ne doit point séparer celles de M. Huzard père. Il y a donc une fatalité dévolue ou imposée à la France, pour qu'elle accrédite et suive servilement tous les usages, les doctrines et les principes qui lui viennent d'Angleterre; ce n'est que par elle encore que nous comprenons la liberté politique et l'action du gouvernement; un auteur, un orateur de tribune, s'assure aussitôt en effet l'attention, s'il s'appuie sur l'ordre suivi en Angleterre; nous ne sommes pas plus sages pour des choses minimes ou de modes, car, pour jmiter les Anglais, nous avons coupé les oreilles et la queue à nos chevaux, et nous avons institué des courses sous le prétexte, à peine croyable, de former de belles races. Il nous conviendrait cependant, après une expérience de tant de siècles, d'avoir sur les Anglais la pensée des sages Troyens, qui ne cessaient d'avertir de se défier des Grecs, alors même qu'ils venaient offrir des services ou des présens.

N'est-il pas bien singulier, en effet, qu'Arthur Young, jouant le rôle d'un prêtre de Cérès ou de Palès, soit venu déclarer aux Français, en 1787, qu'ils n'avaient pas les premières notions de la véritable agriculture, puisqu'ils faisaient des jachères, quand alors même il y avait, dans les trois royaumes britanniques, plus de 15 millions d'acres en friches ou jachères, et quand la Grande-Bretagne elle-même était, comme aujourd'hui, dans un état habituel de famine, de disette ou de souffrance? N'est-il pas singulier encore qu'Arthur Young ait ajouté à son blâme des jachères, celui de n'avoir point de prairies artificielles, quand tout le système de l'agriculture anglaise se réduisait, pour les trois quarts du sol, au pâturage vif des bestiaux et des jeunes chevaux ; quand le climat s'y oppose pour la luzerne, le trèfle et le sainfoin, à la reproduction de ces plantes par leurs graines natives; et quand d'ailleurs, dans Albion même, elles n'y couvrent pas actuellement la millième partie du sol; quand l'Angleterre enfin, de l'aveu de ses économistes, comptait en 1802, 3,500 acres de vieux prés, auxquels les agriculteurs anglais attachent encore le plus grand prix, pour le four-

rage sec et pour le pâturage vif (1)? Faisons observer, une
fois pour toutes, qu'Arthur Young n'était lui-même qu'un
amateur, comme il y en a tant en France, et que dans
son goût il préférait la plume au manche de la charrue;
car c'était sa femme qui dirigeait son exploitation. Pour
en bien juger, il suffit de se reporter aux conseils qu'il a
donnés sur l'agriculture de la France. Dans toutes ses
allocutions parmi nous, il affectait de nous signaler le
trèfle comme étant d'une appétence universelle agréable, non-seulement aux herbivores, aux bêtes à cornes, à laine et aux chevaux, mais encore aux porcs;
s'il faut l'en croire, il faisait engraisser ces derniers en
les enfermant pendant trois ou quatre mois dans un
champ ensemencé de trèfle; s'il faut l'en croire encore,
il faisait consommer sur place ses turneps par les bêtes
à laine; si elles s'y engraissaient, si elles y vivaient
jour et nuit, il faut alors attribuer à la race anglaise
une disposition de bouche, d'estomac et de tempéra-
ment toute différente de celle que les moutons ont en
France, et même un genre d'adresse fort singulier,
pour creuser le turneps sans prendre du sable ou de la
terre.

Laissons ces assertions aventurées; examinons maintenant, sous les rapports physiologiques et économiques,
chacune des plantes comprises dans l'ordre commun des

---

(1) Que faut-il penser sur ce fait, extrait de la *Bibliothèque britannique*, quand la Société d'agriculture de Paris, à la voix de son
réformateur général, M. Yvart, a porté tous les propriétaires de
prés naturels en France à les défricher, pour y substituer, au nom
d'Arthur Young, des prés artificiels? Citons seulement le fait et
l'exemple de M. Dedelay-d'Agier dans l'Isère, rapportés par M. Yvart.

prairies artificielles; et puisque alors Arthur Young a donné la préférence au *trèfle*, commençons par l'examen de cette plante.

Le *trèfle* est cosmopolite, car on le trouve dans tous les climats et dans tous les terrains. Peu de plantes, sous la seule influence de la nature, ont subi plus de modifications; les variétés du moins en sont infinies pour les formes et les couleurs des feuilles et des fleurs; mais il a une précieuse qualité, celle de convenir à tous les herbivores. Il ne l'a perdue, ou il n'est devenu dangereux, que lorsqu'il a été porté dans des sols gras et fertiles, et réduit à une sorte de domesticité, sous l'empire de laquelle la culture a fait développer plus d'ampleur aux tiges et aux feuilles.

Dans le commerce et l'économie rurale, ses variétés se réduisent au trèfle rampant ou triolet, au trèfle des prés, au trèfle rouge, et aujourd'hui au trèfle farouch, dit de Roussillon. Il y a sans doute dans les champs d'autres trèfles, dont les botanistes ont donné les caractères et les nuances; mais celui de Hollande a pris une plus grande faveur; il convient surtout aux terrains naturellement fertiles et aux climats du Nord; ses récoltes sont aussi plus abondantes dans les pays de grande culture, où on le préfère pour l'ordre des assolemens.

Le trèfle farouch produit moins, mais il s'accommode le mieux au système qui proscrit les jachères; et, pour les fermiers ou colons, à la brièveté des baux. Il est d'ailleurs plus précoce que la luzerne; on le juge aussi plus substantiel; il est de fait que les ruminans le préfèrent. La cause première de sa faveur, c'est qu'il ne dure qu'un an ou dix - huit mois; qu'il admet le pâturage après une céréale, et fournit, l'année d'après, une récolte pour fourrage sec ; on le défriche presque aussitôt, et, le considérant comme un amendement, on sème une autre céréale sur le même sol.

On est généralement trop persuadé que la graine de trèfle, comme celle des herbes des champs, est avide de prendre racine ; parce que les théoriciens, sur la foi de quelques compères, amateurs de médailles, ont dit, pour faire abolir les jachères, qu'il suffisait de jeter des graines de trèfle sur les céréales en fanes. Ils ont induit en erreur; car le trèfle, comme la luzerne, demande un terrain bien défoncé, et même amendé ou fumé ; c'est d'ailleurs un vrai moyen de favoriser la végétation des céréales, auxquelles doit se mêler la graine de trèfle, et conséquemment de prévenir l'épuisement du sol, auquel on impose ainsi deux récoltes.

Puisque nous en sommes sur la graine du trèfle, faisons observer, pour notre gouverne, qu'elle est devenue, pour la France, un objet de commerce assez considérable, et en même temps l'occasion d'une industrie spéciale, pour extraire sa graine des capsules de ses têtes ou épis; car si l'année a été froide et humide, il est très-difficile de la faire sortir par le moyen du fléau : telle fut l'année 1816, telle vient d'être celle de 1829.

Dans les années ordinaires, c'est la Bretagne, le Maine, l'Anjou, qui fournissent cette graine à toute l'Angleterre ; et c'est le Dauphiné qui est en possession d'en fournir à la Suisse et à l'Allemagne ; on en évalue les quantités à plus de 40,000 quintaux par an ; c'est là peut-être le bénéfice le plus clair et le plus net que la France tire de la culture artificielle du trèfle.

Le but de ce mémoire n'étant pas de chercher à perfectionner la culture de cette plante, mais d'en appré-cier les influences sur notre agriculture et notre éco-nomie, nous ne nous occuperons ici que de cette considération, et d'une étonnante exception.

S'il était vrai qu'il suffise de se créer un beau champ de trèfle pour élever et entretenir des bêtes à cornes et à laine, des chevaux et des porcs, pour fertiliser le sol, et pour augmenter les masses de fourrages secs, Arthur Young aurait eu bien raison de dire que le trèfle était un riche trésor. On a pu le croire d'abord, tant nous sommes crédules sur ce qui est fait ou dit en Angleterre, surtout quand la haute science et le pouvoir parmi nous ont eux-mêmes accrédité les effets annoncés ; mais nous avons eu le temps depuis de les apprécier à nos dépens ; nous allons donc tâcher de les réduire à leurs plus justes réalités.

On a dit, et on répète encore, que le sol s'améliore sous la culture du trèfle ; c'était le rêve d'Arthur Young et de Gilbert, et il est devenu celui de la théorie ; Bosc l'a redit d'après quelques échos, et surtout d'après Yvart, dans la science duquel il avait malheureusement trop de confiance.

La végétation du trèfle, par ses racines, par ses tiges et par ses feuilles éminemment aspirantes et absorban-tes, démontre au simple observateur toute l'énergie de cette plante pour pivoter et s'étendre dans le sein de la terre, pour attirer et fixer sur ses tiges et ses feuilles l'hydrogène et les gaz météoriques. Il est impossible qu'avec une telle puissance, le sol, l'humus et l'humide ambiant ne soient pas mis à toute contribution pour fournir à une telle végétation ; elle est en effet dans un travail si actif et si continu, que si la faux vient à l'interrompre, elle se remet immédiatement, et avec plus d'intensité encore, à reproduire de nouvelles tiges, et même d'autres racines. C'est la nature même qui lui impose ces efforts, afin de produire l'épi qui doit porter sa graine de reproduction et assurer sa race. Si ce n'est pas là épuiser le sol, il faut nécessairement trouver ailleurs les causes de la fertilité et de la fécondité.

Les partisans de cette culture jugent que le trèfle dispose à la fertilité, parce que son pivot et ses racines se font jour à travers des couches que la charrue ne peut atteindre ou remuer. Le sol argileux, disent-ils, en devient plus poreux ou léger, en ce que le pivot et les racines le soulèvent ; ils veulent encore voir un principe de fertilité dans l'humide que sa végétation compacte entretient dans le sol, et dans la disposition de ses tiges et de ses feuilles à profiter des météores ; ses feuilles enfin forment à chaque coupe un détritus duquel se compose l'humus.

Ce ne sont là que des argumens de contradiction ou de théorie ; car il suffit d'avoir observé la végétation du trèfle, pour se convaincre qu'il épuise nécessairement la terre, et dans son sein et à sa superficie. Le sol profite si peu des météores qui enrichissent et rendent solubles son humus, que le trèfle au contraire absorbe toutes les vapeurs pour sa végétation propre, et qu'il ne laisse, conséquemment, que fort peu de sucs nutritifs, communs aux céréales qui lui succèdent ; quant au détritus des feuilles tombées, il doit être bien mince ou imperceptible, d'après le tissu si léger de ses feuilles mortes ou tombées ; les plus grands agronomes, les Thaër, les Pictet, et M. Morel de Vindé lui-même, ont reconnu et déclaré que le blé froment ne prospère jamais aussi bien, après un refroissis de trèfle, qu'après une jachère herbeuse; c'est là un résultat avoué par Arthur Young lui-même pour l'Écosse.

Un des plus grands partisans de la culture du trèfle, a été le savant Schoubart de la Bavière; sa doctrine y avait fait une telle impression, que, pour ses efforts à en propager la culture et l'emploi, il avait été fait noble; son nom et ses armes encore signalent la cause de cet ennoblissement; mais ni le Tyrol, ni la Haute-Italie ne partagèrent point son enthousiasme; il est même fort remarquable que le Palatinat, qui n'a point de terres et de ressources effectives à perdre quand il jouit de la paix, s'est promptement lassé d'une culture dont les récoltes en vert offraient tant de dangers, et dont les fourrages secs étaient loin de compenser les avantages du pâturage vif et ceux des prés naturels; on y préfère aujourd'hui le sainfoin.

On n'a pas été long-temps en France à s'apercevoir du danger qu'il y avait à livrer le trèfle en pâturage. Combien il y a eu de victimes avant qu'on ait pris des moyens pour préserver les ruminans de ces terribles météorisations! L'art vétérinaire a inventé des acupunctions difficiles ou dangereuses; des agronomes ont conseillé des douches, des flagellations ou des courses forcées; il a donc bien fallu rabattre des premiers éloges.

Il y a plus de vingt-cinq ans que les simples agriculteurs ont pris le seul parti raisonnable, celui de laisser évaporer à l'air libre le trèfle des affourures en vert, et de n'en donner que de petites quantités; plusieurs encore ont mélangé ces rations avec du foin ou de la paille; mais le trèfle n'en est pas moins une des principales causes qui ont fait abandonner le pâturage vif.

Les avantages du trèfle fauché et fané, pour nourrir l'hiver les bestiaux, sont encore bien amoindris par la difficulté et par la rareté d'une juste dessiccation. La moindre pluie le fait s'amollir et noircir; si la pluie a duré, quand on revient pour le faner, il perd ses feuilles, qui tombent en poussière; ses tiges sont noires et âcres. Dans cet état si commun sous notre température, le trèfle, qui a déjà fortement épuisé la terre, n'est donc qu'un très-mauvais fourrage; il faut des années bien rares maintenant, dans nos climats du Nord, pour obtenir, du trèfle, de bons fourrages secs. Quand il a perdu ses feuilles, ses tiges sont trop dures pour les ruminans, et trop amères pour les chevaux. On le vante pour les affourures en vert sous les toits, parce qu'il augmente la masse des fumiers; mais c'est acheter bien cher un fumier, qui n'est composé que d'*une seule herbe*. Donné en sec, il excite d'ailleurs une soif continue dans les chevaux et les bêtes à cornes.

On a dit long-temps que le trèfle était excellent pour les vaches laitières, et même pour les veaux d'élèves; mais s'il est tenu en pré artificiel, il élimine, par sa végétation serrée, toutes autres plantes graminées; de sorte que, dans ses affourures ou récoltes, il est unique, et dès-lors excite moins l'appétit.

C'est pour les vaches laitières surtout que la diversité des herbes, par les combinaisons de leurs sucs, devient indispensable pour la rumination, et conséquemment pour les bonnes digestions et le bon lait; aussi, dans toutes les vacheries des environs de Paris, où le lait est aujourd'hui en si grande consommation, on a le plus grand soin de varier les affourures et même les boissons. Tous les doctes donc, les Arthur Young, les Tessier, les Shoubart, connaissaient mal la nature et les effets du trèfle en prés artificiels, quand ils ont affirmé qu'il favorisait la sécrétion du lait, et même l'engraissement des bestiaux. Comment des agronomes, obséquieux pour la théorie, ont-ils pu dire que les bœufs et les chevaux préféraient le trèfle au meilleur foin? Comment la société de Paris, si prodigue en prix, n'en a-t-elle pas destiné un pour savoir s'il était vrai que la farine d'un blé semé sur un défrichement de trèfle était sensiblement inférieure en qualités à celle d'un blé semé sur une jachère morte, ou sur un terrain qui aurait reçu tous les labours préliminaires; elle devait en conscience en proposer un; car c'est elle qui a donné le conseil de semer ou de jeter la graine du trèfle sur les fanes du blé au printemps. Son aréopage cependant aurait dû présumer que cette graine, absorbant l'humus, rendu soluble par les labours et les fumiers, nuirait essentiellement au besoin qu'en avait le blé, et que ce besoin était surtout plus impérieux à l'époque de la montée, de la floraison et de la fructification. On n'est donc pas un vain contradicteur quand on blâme ces doubles semis, et quand on croit moins de qualité à la farine du blé qui succède au trèfle. M. Mathieu de Dombasle lui-même n'approuve pas qu'on sème le blé froment sur le défrichement du trèfle; il s'en expliquait ainsi du moins en 1819.

Des amateurs, pour flatter la Société parisienne, ou pour dire quelque chose de nouveau, ont proposé divers modes de fanage pour obtenir une bonne dessiccation du trèfle; aucune, jusqu'à présent, n'a obtenu l'assentiment de la pratique. Toutefois on ne peut passer sous silence la méthode que M. Bigot de Morogue, amateur dans l'Orléanais, a proposée à la Société de Paris ; elle consiste à mettre en gros tas le trèfle fauché, et à le laisser dans cet état jusqu'à ce qu'il s'y établisse une forte fermentation ; quand l'amas fume, on étend le trèfle, on le fane, et on le met en bottes ; l'auteur affirme que le fourrage est plus appétissant et plus *sucré;* on conviendra du moins que M. Bigot de Morogue et la Société, en accueillant cette méthode, ont donné respectivement une juste mesure de leur science agronomique.

Le trèfle n'a d'abord été accueilli dans les pays de grande culture, que parce qu'il s'accommodait à la brièveté des baux ; on a présumé ensuite qu'en surveillant les affourures, il serait possible de tenir aux étables un plus grand nombre de vaches, et, par ce moyen, d'obtenir une masse plus considérable de fumier; c'est même le premier motif qui a fait accréditer le système de la stabulation, devenu extrême dans la grande culture ; mais on a reconnu bientôt que ce fumier, qui avait pour base le trèfle vert, était froid et sans ferment ; qu'il était sans effet sur les terres humides et argileuses, et surtout que le blé froment ne s'en accommodait pas. Quelques fermiers se sont avisés alors de faire des mélanges de divers fumiers; mais pour les faire, on troublait les fermens propres à chacun, et ce fumier n'était, au sein de la terre, que ce que sont de simples lests aux estomacs. On s'est donc lassé des affourures exclusives du trèfle; on a varié la nourriture des vaches, et on a senti que la nature et l'intérêt exigeaient que les vaches sortissent quelques heures pour paître. Nul, au surplus, ne peut nier que le lait que donnent les vaches qui vont paître, ne soit infiniment meilleur que celui qu'on obtient par les meilleures affourures dans le régime de la stabulation.

Le lecteur, maintenant, ne doute pas de ma pensée sur le trèfle ; ceux qui, d'ailleurs, ont fait quelque attention à mes travaux et à mes écrits, ont pu voir que peu d'agriculteurs et d'agronomes n'ont mis autant de zèle que moi à faire valoir cette plante nouvelle. Il me sera permis sans doute de rappeler que la première Société royale, en 1787, avait ordonné la publication officielle d'un mode que j'avais indiqué et pratiqué, pour profiter avec avantage de la récolte du trèfle : M. Bosc a bien voulu le rappeler et même le recommander ; mais l'expérience est le plus grand maître, et c'est par elle que j'en suis venu aux principes que je publie aujourd'hui. Je crois même que l'exception dont je vais entretenir le lecteur, fera juger, sinon de ma science agronomique, du moins, de ma bonne foi ou sincérité.

Il s'agit d'un phénomène heureux, qui a pour cause ou pour base *la culture du trèfle*. Ainsi, dans le cours de la vie et des sciences, l'homme a su trouver des remèdes pour conserver sa santé dans des substances qui, par de fausses applications, avaient long-temps donné la mort ; tel le trèfle, qui a été depuis vingt-cinq ans funeste à la fertilisation des terres, et surtout aux céréales, vient, par une juste application, de faire sortir une grande contrée de sa dénudation, et de la plus persistante stérilité.

Toute l'Europe, en paix comme en guerre, a connu les vastes plaines, que le peuple, les voyageurs et les géographes surnomment *la Champagne Pouilleuse;* son triste aspect avait frappé le grand César et tous les généraux de Rome employés dans les Gaules : cette image d'un désert s'est prolongée jusqu'à nos jours. Il est juste cependant de faire observer que des intendans, au dix-huitième siècle, étaient déjà parvenus à faire croître des arbres sur les berges des fossés qui bordent les grandes routes ; mais on a cru trop long-temps que les succès de leurs plantations étaient dus à des dépenses que le trésor royal seul pouvait faire.

Un autre exemple sur le parti qu'on pouvait tirer du sol crayeux de la Champagne, avait été donné, en 1775, par un conseiller au parlement de Paris. Il s'était avisé de semer et de planter du pin Sylvestre à *Chénier*, paroisse à deux lieues sud-ouest de Châlons; la croissance fut lente ; mais enfin elle se manifesta avec vigueur; les premiers pins qui portèrent des cônes, pourvurent eux-mêmes à la propagation de leur race, et d'années en années, la plantation-mère avait déjà conquis beaucoup de terrain, mais seulement dans *sa circonférence immédiate;* en 1802, Chénier offrait l'aspect d'un pays boisé. Ce succès a porté divers propriétaires à faire de tels semis et plantations; en 1810, ils ne pouvaient fournir aux demandes de ces plants semés par les premiers pins dans leurs bois ou terres.

En 1805, une autre révolution se préparait encore pour *la Champagne Pouilleuse* : des propriétaires s'étaient avisés de planter du saule rouge, qu'en Champagne on nomme *vordre;* les premiers essais en furent faits dans la plaine qui se trouve entre Châlons et Arcis-sur-Aube; avec du raisonnement et même avec de la science, c'était une témérité de vouloir faire végéter, dans une masse de craie pure, des plançons d'un arbre aquatique, ou ami des eaux ; mais il n'en est pas moins vrai que ces plançons ont donné des signes de vie dans l'année même , et qu'après avoir été rampans plusieurs années , ils ont pris ensuite la direction verticale. Ce succès a donné l'éveil à toute la Champagne Pouilleuse, qui, aujourd'hui, est presque bocagère. Cette vordre, sans doute, n'est qu'arbustive ; mais elle offre un combustible précieux ; et, ce qui est plus important encore, elle végétalise un sol qui , depuis tant de siècles, était nu et stérile, même pour les herbes, même pour les mousses. Il serait difficile d'assigner à ce saule un caractère que les botanistes puissent avouer et reconnaître dans les classifications de cet arbre ; quelques-uns pensent que c'est le *salix caprea* de L. On en compte trente-deux variétés en Suisse ; sa feuille est différente selon les lieux et les climats. Je serais assez porté à croire que c'est le *salix repens,* dont la tige en effet est rouge. Quoi qu'il en soit, on lui donne le nom de *vordre* en Champagne, ce qui, par analogie, le met au rang des arbustes aquatiques qui tracent par leurs racines.

Cependant la grande étendue des plaines n'en restait pas moins découverte et stérile, et on ne voyait de guérets, par la charrue, qu'autour des villages et aux confluens des vallées. Les fumiers ordinaires n'avaient d'effet que pour une année ou pour une saison ; tous les autres semis ultérieurs étaient infructueux.

Des vignerons, d'autre part, avaient découvert, sur leurs côteaux calcaires , des amas de substances marines, entremêlées de coquillages, dont les analogues sont inconnus dans nos mers ; quelques-uns s'avisèrent d'en mettre dans leurs vignes, mais ils en furent punis, car les pampres furent brûlés ; d'autres laissèrent marner quelques amas, comme on le fait pour les composts ; l'effet s'annonça favorable à la vigne : on avait donc acquis déjà la leçon qu'il fallait laisser ces substances à l'air pour leur faire perdre leur corrosité. Ainsi moi-même j'avais été témoin, dans la Basse-Bourgogne, de l'essai d'un amendement pour la vigne, par une grande quantité de harengs condamnés par la police, et qui, employés nûment, avaient fait brûler la vigne et même la haie ; conservés en compost fait avec de la terre native, ils ont, au contraire, singulièrement favorisé la végétation de la vigne, et celle même des provins.

Cependant des tentatives d'engrais par ces substances marines, et qui sont nombreuses autour d'Épernay, se poursuivaient sans cesse ; des accidens étaient même survenus à ceux qui avaient voulu s'en servir en combustibles dans leurs foyers ; mais enfin un Champenois de la côte de Reims, auprès d'Aï, s'était avisé à Bouzy, riche vignoble, de soumettre un de ces amas à une sorte d'incinération. Il fut reconnu bientôt que de telles cendres étaient éminemment favorables à la végétation du trèfle, et que cette plante, qui végétait à peine dans une terre crayeuse mise en labour, offrait une végétation digne des meilleures terres, quand elle était parsemée de telles cendres. Il s'en fit bientôt un grand commerce ; on venait à Bouzy de dix à quinze lieues ; j'y ai vu souvent, les samedis, soixante à quatre-vingts voitures.

Ce moyen une fois connu, la Champagne Pouilleuse a tout à coup changé de face ; les yeux du voyageur et ceux du laboureur ne se sont plus trouvés fatigués ou importunés par la blancheur de la craie. Le trèfle, ainsi traité, a partout végétalisé le sol , et de belles récoltes ont succédé aux lieux où il ne venait pas la moindre herbe.

Pour donner au lecteur une idée de la non-valeur des terres dans cette partie de la Champagne, je citerai que, lors de la vente des biens nationaux, un particulier de Châlons avait acheté 1,500 fr. 1,500 arpens de ces terres, qu'il ne donnerait pas aujourd'hui pour 40,000 fr. Ainsi donc la révolution, qui a fortement inspiré aux Champenois le désir d'être propriétaires de terres, la division de la glèbe, rendue facile, et les facilités pour s'acquitter du prix des adjudications, ont fait métamorphoser la Champagne Pouilleuse en un pays bocager, et abondamment productif en céréales.

Ces faits et ces résultats, plus heureux pour la France qu'une conquête achetée par la victoire, méritent de ma part une explication positive, qui sera utile et précieuse pour l'histoire propre de notre agriculture; je n'ai point recueilli ces circonstances et ces faits dans des notes, lettres ou mémoires; j'ai voulu tout voir par moi-même ; j'ai visité les divers dépôts de ces substances marines, qui aussi attestent le passage de la mer sur cette partie du globe, ou du moins une grande perturbation. J'ai soumis ces substances à des essais dans ma propriété, et j'ai reconnu les effets que les agriculteurs y attachent; ces amas de substances marines et sur des monts, mériteraient encore l'examen de nos premiers géologues et agronomes.

Il est remarquable, au surplus , que les mêmes effets ont eu lieu dans la Hollande, où les terres se refusaient constamment à produire du blé; on s'y est avisé, en 1785, de semer de la poussière de tourbe sur les trèfles, et cette poussière a fait produire au sol du beau froment; on rapporte à ce sujet qu'il y a eu des essais comparatifs; tant il est vrai que la nature, qu'on accuse souvent d'être rebelle ou marâtre, finit toujours par céder aux sollicitations de l'homme qui lui reste fidèle.

La culture de la vigne offre, dans un grand vignoble de la Basse-Bourgogne, des effets d'amélioration non moins singuliers et extraordinaires; à Joigny, qui était autrefois une dépendance de la Champagne, on s'est avisé, il y a une trentaine d'années, d'extraire du plateau d'une montagne, qui domine la rivière de l'Yonne, des amas de petites pierres fossiles, de nature calcaire, ressemblant à des détritus de pierre meulière, et contenant des parties ferrugineuses; il n'y a certes que le hasard qui ait pu faire découvrir et juger que cette arène, qu'on y nomme *laquet*, était favorable à la culture de la vigne, et qu'elle en prolongeait indéfiniment la fécondité et la prospérité; en l'examinant, et en connaissant bien la culture de la vigne d'ailleurs, on serait tenté, au premier aspect de ces petites pierres, de les croire plutôt propres à stériliser la vigne qu'à favoriser sa végétation; que ces trois faits servent donc d'avis à ceux qui cultivent, qu'ils ne doivent jamais se lasser *d'observer et d'essayer*.

Honneur mille fois à la science qui fait le bonheur et la gloire de l'homme, et à laquelle je dois le peu de connaissances que je possède; mais, dans ce sentiment bien sincère, je n'en accuse pas moins ceux qui la dirigent et l'exercent à titres officiels ou publics, de ne s'être jamais détournés de leurs premières voies, pour observer ce qui se passe sur le théâtre des champs, et de n'avoir regardé dignes de leurs vues, de leur style et de leur compétence, que les êtres et les choses des théâtres de la cour et des villes. Il serait glorieux pourtant pour les savans, dans la nature des choses, d'avoir cherché, par des expériences physiques, les moyens de faire croître des arbres, des arbustes et des céréales sur la masse immense de la craie de la Champagne, et de l'avoir fait débaptiser du surnom de *Pouilleuse*; mais on vient de le voir, ce grand et heureux événement est le résultat de quelques tâtonnemens par des hommes vulgaires et inconnus, par de simples paysans qui, une fois éclairés par l'expérience, n'ont plus hésité à innover leur agriculture sur leurs plaines toutes de craie. Cette conquête, ou plutôt ce phénomène, est un des événemens les plus heureux du siècle, et il fait espérer, si jamais nous avons un ministre de l'intérieur digne de ses fonctions, que nous verrons aussi les autres champagnes (1) de la France, les Landes de Bordeaux et de la Bretagne, se couvrir de céréales et de bois bocagers; déjà le vénérable Bremontier avait bien commencé cette révolution par celles de Bordeaux; mais quelle a été sa récompense pour des œuvres qui ont déjà préservé dix-sept communes de l'ensevelissement par les sables, et qui assurent, en quelque sorte, l'existence à la ville de Bordeaux? Des peines, des tracasseries, et une constante ingratitude de la part de son corps et du gouvernement lui-même, qui l'a abandonné, ou plutôt qui n'a pas compris les hautes pensées de Bremontier, puisqu'il a laissé et laisse encore ses premiers travaux sans continuation.

(*La suite à la prochaine livraison.*)

---

(1) On nomme *champagnes* les grandes plaines stériles.

DES EXCÈS ET VARIATIONS DE LA TEMPÉRATURE.

De la gelée des arbres, de la vigne, de quelques céréales, pendant le dernier hiver, et des moyens d'en réparer les effets.

Jamais à aucune époque connue les gelées n'ont été plus fréquentes et plus funestes aux biens de la terre. Celle de 1709 frappe encore les esprits ; mais elle ne fut désastreuse que par la circonstance d'un gel et d'un dégel subits ; elle atteignit et frappa les céréales, les arbustes, la vigne, les oliviers, les arbres fruitiers, forestiers, et jusqu'aux chênes centenaires : il y avait quelques moyens de réparer les atteintes de ce fatal météore; mais le gouvernement était trop occupé, dans ce temps, de plaire au grand roi ; s'il en conçut quelques alarmes, il ne se mit point en devoir ni en quête de trouver des moyens qui pussent diminuer la désolation publique.

L'académie des sciences existait alors ; il était naturel de penser que, s'agissant d'un grand fléau physique, elle interviendrait pour en dire au moins les causes, et surtout pour en réparer les dommages. C'était même une occasion favorable pour exhumer l'ouvrage du célèbre Olivier de Serres et le faire sortir de l'interdit dans lequel le tenaient sévèrement les jésuites, parce que ce grand et vertueux agronome avait été l'ami de Sully, d'Henri IV, et qu'il avait pensé comme eux ; on y eût trouvé, en effet, des indications précieuses. Une idée aussi généreuse et utile n'occupa ni les ministres, ni les savans ; mais de quelle chose s'occupait donc l'académie au printemps de l'année 1709? De la composition du breuvage qui fut donné à Jésus-Christ, de la théologie du cœur et de l'esprit, de la barbe, de la triple couronne du pape, etc.

Au mois d'août suivant, M. de la Hire publia une Dissertation sur la manne que donnaient les orangers ; la même année, l'abbé de Valmont fit imprimer son ouvrage des *Curiosités de la nature*, dans lequel il enseigne comment on peut rendre les melons *sucrés, vineux et parfumés;* obtenir des fruits délicieux par des infusions d'herbes odoriférantes ; donner au lis blanc la couleur de la pourpre des rois, etc., etc.

Depuis cette époque, l'académie des sciences de Paris a donné une grande et vive impulsion aux études de la géométrie, des mathématiques et de l'astronomie. Le plus grand sacrifice qu'on pourrait citer d'elle, serait d'avoir admis un jardinier parmi ses membres, et, dans son organisation nouvelle, une section d'économie rurale.

Des hivers et des printemps désastreux, depuis 1709, ont souvent désolé la France ; mais jamais on n'a vu l'académie intervenir pour éclairer le gouvernement et les propriétaires fonciers, ni même remonter aux causes de tant d'excès de température, laquelle est pourtant de son ressort.

Si, avec juste raison, on peut se permettre de critiquer l'emploi du temps de l'académie des sciences en 1709, il doit être bien permis également de se plaindre de la direction que celle de nos jours donne exclusivement à certaines parties des sciences physiques, et de ce qu'elle *aussi* tient l'agriculture en mésalliance. Il est très-beau, très-glorieux d'avoir produit la mécanique céleste du monde, d'avoir couvert d'un réseau de triangles l'espace qui sépare Dunkerque de Barcelonne; d'avoir amoncelé ou aligné des calculs sur les probabilités; d'avoir à peu près expliqué les causes ou origines des aérolithes, etc., etc.; mais si, en principe, ou proverbe social, il n'y a ici-bas de beau que ce qui est utile, il doit être bien permis de rappeler à l'académie des sciences que ce qui se rapporte à l'agriculture est également digne de ses travaux; car enfin cette science comprend immédiatement et sans interruption la physique et la physiologie. Il n'est que trop réel que sa section d'économie rurale s'est tenue habituellement hors des principes de la science vraie; mais alors il était du devoir et de l'honneur de l'académie de la rappeler aux principes avoués dans la physique et l'économie.

L'académie des sciences, au surplus, ne pourra jamais se justifier elle-même, devant la patrie, d'avoir laissé détruire, sans représentation aucune, l'immensité des grands végétaux, qui, sur le sol de la France, donnaient la vie aux sources et le cours aux fleuves, qui y répandaient une salutaire fraîcheur, soutenaient les éléments de la végétation, favorisaient la fertilité et maintenaient d'ailleurs une plus égale et plus heureuse température. Cependant les ministres de la révolution et de la restauration ont pu juger des nécessités des eaux et forêts par le préambule de l'ordonnance de 1669, qui, en soi, est un chef-d'œuvre de science et d'économie publique. L'académie, de son côté, avait vu passer devant elle les sages et beaux programmes des célèbres académies des provinces méridionales et les jugemens qu'elles avaient portés sur l'influence des grands végétaux pour le maintien d'une bonne température; mais la ruine des bois n'en a pas été moins consommée; car elle vient d'être livrée politiquement et législativement au grand agio des finances, à l'égoïsme et à toutes les cupidités des intérêts privés.

J'avais déjà donné la preuve de ces tristes résultats dans mon premier mémoire (1800) sur les abus des défrichemens, dans mon ouvrage (1816) sur l'état des forêts de la France; j'ai réitéré ces preuves dans mon cours d'agriculture (1820) ; mais le cours des destructions et des défrichemens n'en a pas moins continué : j'en avais cependant donné communication aux ministres de l'intérieur et des finances. Je dois aujourd'hui, pour l'acquit de ma conscience dans une telle cause, déclarer ici qu'à l'époque où il était question de mettre en vente les bois qui nous restaient, j'avais rédigé un mémoire fort de raisons , riche de faits et de principes, et que je destinais à l'académie des sciences ; j'allai moi-même le remettre à M. Ramond, qui en était le président, et qui avait été mon collègue à l'assemblée législative. M. Ramond d'ailleurs , dans son ouvrage sur les Pyrénées , avait lui - même déclaré que la population, faute de combustibles et d'abris par les arbres, y était descendue dans les vallées ; mais quelle fut ma surprise quand il me refusa net d'en entretenir l'académie, alléguant qu'elle n'avait point à s'immiscer dans les affaires du gouvernement pour ses finances : tel fut son dernier mot à mes raisons d'insistance; je fus donc réduit à remporter mon mémoire.

Mes réflexions aujourd'hui n'auront pas un meilleur

sort; mais, j'ose le prédire, si la France obtient un jour un gouvernement qui s'occupe des intérêts généraux et de la postérité, elle accusera et maudira tous ceux qui ont poussé à la destruction des bois, comme ceux qui ne s'y sont pas dûment opposés.

Les défrichemens avaient déjà beaucoup avancé la dénudation du sol, et, par une fatale préférence, celui des monts; ils n'ont pas même encore cessé; et le sol des derniers bois vendus, que par dérision ou par système on a mis sous la *sauvegarde des intérêts privés*, est toujours, sous ce rapport, en exploitation arbitraire.

Dans tous les temps, sans doute, il y a eu des excès violens ou bizarres de température; mais les vrais météorologistes s'accordent tous à dire aujourd'hui que jamais les intempéries n'avaient été aussi fréquentes au printemps. Dans un tel état de choses, n'est-il donc pas temps de s'occuper des moyens de rendre les météores moins désastreux? De tels soins de la part des savants vaudraient bien en gloire ceux qu'on prend pour nous tenir au courant des taches du soleil. Nous avons et même beaucoup de Fontenelles; mais où sont nos Réaumur, nos Desaussure, nos Dolomieu? Nous avons eu des Sully, des Turgot, des Malesherbes; et faut-il nommer après eux les Vaublanc, les Corbière, etc.?

Le cri public contre la destruction des bois ne date pas de notre époque; Vanière en 1706 disait : *Jam nostra suis viduatur Gallia silvis.* En 1775, l'académie de Montpellier a proposé, comme grand prix, la question de *l'influence des météores sur la végétation.* Peu de temps après, la même académie en proposa un autre sur *l'électricité des végétaux*; celles de Bordeaux, de Marseille, de Dijon, se sont montrées, sur le même sujet, dignes émules de l'académie de Montpellier.

La célèbre académie de Manheim, en 1780, organisa un mode d'observation sur les grands événemens du ciel et de la terre; celles de Pétersbourg, de Moscow, de Stokholm, de Gœttingue, de La Haie, de Berne, de Dusseldorff, de Milan, de Rome, des États-Unis, de la Norwége et du Groënland y adhérèrent, mais celle de Paris n'y prit aucune part. Des flatteurs de l'académie et du gouvernement ne manqueront pas de regarder ces citations comme des hors-d'œuvre à la question, peut-être même comme des déclamations; pour leur ôter ce prétexte banal, bornons-nous à citer des faits.

En 1793, les administrateurs de l'Isère et du Gard se plaignaient de la disparition de l'olivier.

Ceux de Béziers disaient : « Les hivers rigoureux détruisent nos oliviers. »

Ceux de la Lozère : « L'olivier a péri... déjà le châtaignier. »

Ceux de la Haute-Garonne : « Les oliviers périssent où ils ont prospéré. »

En 1804, le préfet du Rhône : « La température n'est plus celle de notre latitude. »

Le préfet de l'Ariège : « Il est à craindre que, faute de bois, plusieurs parties de ce département ne deviennent inhabitables; depuis dix ans, il n'y a plus de mûriers aux environs de Pamiers et de Mirepoix, où il y avait eu des oliviers. »

Le préfet de l'Hérault : « Les oliviers sont presque déjà perdus. »

La Société de Marseille : « Notre climat est totalement changé ; nos hivers sont plus rigoureux. »

Le préfet de Lot-et-Garonne : « Les hivers et les gelées ont déjà réduit d'un tiers les chênes à liége. »

Le préfet de Vaucluse : « Notre climat n'est bientôt plus reconnaissable. »

Le préfet du Gers : « Les saisons n'ont plus un cours régulier. »

Le préfet de l'Aude (M. Barante le père) : « Il ne reste plus d'oliviers que dans le voisinage de la mer. »

Dans les départemens du nord, la plupart des préfets ont tenu le même langage sur la destruction des bois et des arbres. De tels avis, presque tous *officiels,* n'inspirent point de déclamations gratuites ; mais ils doivent plutôt inspirer de la honte et du repentir aux hommes de la science et du gouvernement. Les documents du reste en sont déposés au ministère de l'intérieur ; qu'on y mette au jour les statistiques, et on s'en convaincra.

La gelée de 1820 aurait déjà dû faire sortir les savants et les ministres voltigeurs de leur habituelle apathie pour les biens de la terre ; elle aurait dû même leur faire sentir la nécessité et l'urgence de remonter aux causes que le Languedoc et la Provence leur indiquent en vain depuis si long-temps. Il serait digne des hommes de la science et du gouvernement de les faire explorer concurremment dans le midi, et, pour plus de succès, ils devraient établir à Lyon un centre d'enquêtes dirigées par des commissaires dignes d'une telle mission. Le gouvernement, cédant à des meneurs intéressés, n'a-t-il pas envoyé des commissaires en 1820, pour connaître les causes des maladies qui affectaient des *chèvres* dites de cachemire? n'a-t-il pas encore envoyé dans cette qualité MM. Cottu et Cuvier à Londres, pour y recueillir des documens sur la législation et l'administration qui conviendraient le mieux à la France, qui compte des Sully, des Daguesseau, des Montesquieu? Y a-t-il enfin une cause plus sacrée que celle qui, par un météore désastreux, met si souvent les départemens en désolation?

Il est possible que par système, comme en politique, on s'en tienne à un *statu quo* comme plus expéditif; il est possible encore que, s'élevant à une grande hauteur de science et de sphère, des savants fassent considérer tous ces désordres de température comme le cours naturel des choses physiques, et même peut-être comme des bienfaits; il faut s'attendre à tout; mais au lieu de combattre ce déplorable esprit de corps, bornons-nous seulement à faire observer la différence des temps pour l'essor, les trajets et les ravages des vents de tempêtes sur les départemens du midi.

Il est de fait que, depuis dix ans, le circius (vent nord-ouest) accroît de plus en plus son impétuosité; on fait observer qu'il entre en Languedoc par des défilés de montagnes qu'on nomme et qui autrefois étaient *boisés*. Il y renverse les arbres, les voitures; il y fait élever les eaux des rivières et du Rhône qui causent des inondations subites et de grands désastres; le circius en un mot est maintenant un des fléaux qui désolent le plus souvent le Languedoc et la Provence, où on lui donne le nom de *mangeur de boue.*

On trouvera peut-être que nous avons pris un chemin détourné pour arriver au but annoncé, c'est-à-dire aux moyens de prévenir, de corriger et de réparer les effets et les gelées du dernier hiver ; mais il était indispensable de dire quelques mots des causes, avant de parler des effets et des moyens ; nous ne renonçons pas à y revenir, tant que nous verrons les hommes de la science et du gouvernement indifférents sur la double influence des eaux et forêts, et sur la dénudation des *monts* qui dominent nos plus riches et plus précieuses plaines arvales.

De toutes parts on a reçu des avis que la gelée de cette année avait encore frappé les oliviers, les mûriers, la vigne, les noyers et maints autres arbres fruitiers ; n'ayant point encore de données assez positives, nous nous réduisons à généraliser les moyens et les conseils que l'expérience avoue.

On peut facilement reconnaître qu'un arbre a été frappé de gelée, en coupant nettement avec une serpette des sommités ou des branches de l'intérieur de la ramification. Si, à la coupe, on voit que le bois est sec et qu'il est veiné de noir, c'est un signe certain que la sève a été saisie et que ses canaux se sont oblitérés. Si l'épiderme est d'ailleurs sans verdure, il faut continuer de rabattre jusqu'aux principales articulations du tronc, et jusqu'à ce qu'on trouve une coupe vivace ; si enfin le signe poursuivi ne s'annonçait qu'à la base du tronc, il ne faut pas hésiter à en faire le sacrifice. Tous ceux qui en 1709 procédèrent ainsi, conservèrent leurs arbres, et surtout les oliviers et les noyers.

Il convient de dire cependant que les agronomes et les sociétés savantes du midi ont été divisés d'opinion en 1820 ; les uns voulaient qu'on attendît la seconde sève, prétendant qu'à la deuxième année, des oliviers que l'on avait crus morts avaient repris la vie : tel fut l'avis de la société du Var.

Celle de l'Hérault a considéré que les feuilles des-séchées et adhérentes étaient un vrai signe de mort ; et, elle a pensé que si le tronc était vivace, il n'y avait pas à hésiter pour étêter l'arbre.

Si à l'époque du retour de la sève, il n'apparaît aucun signe de vie, il faut alors recéper l'arbre, mais entre deux terres ; on doit aller jusqu'au vif, laisser les souches en forme de jatte et les recouvrir d'une terre neuve et légère, ou de crottin de cheval bien pressé. Si les oliviers qu'on aura étêtés restent languissans, on les recèpera l'année suivante ; mais il ne faut jamais se hâter d'arracher les culots, parce qu'ils conservent très-long-temps la vie.

C'est une opinion commune en Provence, que les gelées ne sont devenues aussi désastreuses que depuis la destruction des bois dans la Bourgogne, et spéciale-ment de ceux qui en couronnaient *les monts.*

Ce que l'on vient de dire de l'olivier s'applique égale-ment aux mûriers, aux noyers, dont partout dans le midi on recherche aujourd'hui les espèces *tardives :* les pépinières du Languedoc pour cet arbre sont mâin-tenant reportées à Limoges : ce fait seul en dit plus qu'une dissertation d'optimistes, et que toutes les rap-sodies de certaines annales.

La vigne aussi paraît avoir beaucoup souffert ; on la traite si mal *d'ailleurs,* qu'il serait très-possible qu'une grande partie en fût arrachée. Tant mieux, diront in-failliblement ceux qui ont mis leur fortune en rentes et ceux qui ont le moyen de conserver leurs vignobles; mais ce serait un malheur public, car la vigne en gé-néral occupe des positions inaccessibles aux charrues, et leur sol en deviendrait désert. Le vin, quel qu'il soit, produit à l'état des millions, et dans les années où les

blés sont chers, le vin supplée efficacement à la consommation du pain ; ce serait enfin tarir une cause
ou source d'aisance dans la partie du peuple que cette
culture fait vivre.

Malgré les rigueurs du fatal cadastre parcellaire,
malgré celles des droits réunis, nous conseillons encore
quelques années de courage et de résignation pour
conserver les vignes, même gelées. Mais il convient de
les traiter comme les arbres, et de reporter la taille à
la partie qui se montrera vive. Si les signes en sont
incertains, c'est le cas de faire beaucoup de provins ;
toute vigne ainsi traitée doit jeter infailliblement du
chevelu et des bourgeons ; et, si l'année est favorable,
c'est-à-dire si le bois nouveau parvient à bien s'aoûter,
la récolte de l'année suivante pourra être très-abondante.

Il est impossible qu'après de telles alternatives de
pluies froides, de gelées, de neiges, de givres, de
verglas, les racines des céréales n'aient pas plus ou moins
souffert, surtout dans les terrains argileux et crayeux
où les ensemencemens ont été faits à contre-temps. Il paraîtrait même que les sols calcaires n'annoncent pas
une heureuse végétation printanière : tel est du moins
l'avis qui nous est donné pour la haute et basse Bourgogne. C'est dans de telles circonstances que l'expérience est un grand maître ; et l'un de nous offre ici
le tribut de la sienne après les années 1788 et 1811.

Dans les terrains argileux, il ne faut pas se hâter de
semer les *marsèches*, car leur succès dépend de l'op-
portunité du labour ; il faut même les ajourner, si la
charrue trace encore des glissoirs ; tandis que dans les
sols calcaires, si sous le soc et le versoir, la terre s'é-
mie et s'ameublit, on ne peut trop se hâter d'ensemencer.

Dans le doute que les racines du blé aient péri, il serait peut-être convenable de disposer un châssis d'herse légère à dents de bois, afin de mieux connaître l'étendue du mal ; par ce moyen, on donnerait plutôt accès aux rayons du soleil, et ce serait un bon moyen pour provoquer l'explication des fanes hors du collet de chaque pied de blé. On sent que ce travail doit être fait avec discrétion ; si enfin il révélait la perte du blé, il serait encore temps de semer des graines oléagineuses, qui sont aujourd'hui d'un grand produit.

Je conseille peu le blé de mars, parce que d'une part il ne talle point, et que, de l'autre, il demande une terre bien amendée et fumée ; l'orge, la fève, les pois seraient préférables.

Quant aux pommes de terre, toutes les circonstances invitent les grands et petits cultivateurs à en cultiver le plus qu'ils pourront ; c'est le plus sage et le meilleur emploi qu'ils puissent faire du fumier des étables. Ceux au surplus qui pourront les semer dans un défrichement herbeux seront encore plus sûrs d'une abondante récolte.

Toutefois je ne conseillerai pas de refendre de suite les vieux sillons ; car il arrive souvent que des blés dont les fanes ont disparu sous les frimas, se garnissent par un printemps doux et pluvieux ; si les pieds, en définitive, apparaissent un peu rares, on est assuré du moins qu'ils talleront et prospèreront.

Le blé noir, le mil, millet, dans les pays granitiques, et le maïs, dans les pays calcaires, peuvent être d'une grande ressource. D. L. B.

REVUE

AGRONOMIQUE.

PRAIRIES ARTIFICIELLES.

(SUITE.)

La luzerne n'a pas les inconvéniens du trèfle ; ses tiges et ses feuilles ont plus de consistance, et supportent mieux le fanage, même après des pluies intempestives ; par sa végétation, elle est aussi moins exclusive des autres herbes graminées, en ce que, dans son ensemble, elle admet plus d'air ou de vide entre ses touffes ; mais, sous le rapport de la fertilisation qu'on lui attribue trop gratuitement, elle est encore plus épuisante que le trèfle. Ses racines, plus fortes, plus grosses et plus longues (1), ne peuvent que mettre à contribution tous les sucs nutritifs du sein de la terre ; elle a peut-être un avantage sur le trèfle, c'est que, par sa nature arbustive, elle peut tirer beaucoup plus d'alimens de l'air atmosphérique et des divers météores. Elle a encore l'avantage de causer, moins rapidement et moins souvent que le trèfle, des enflures ou météorisations ; ses tiges sillonnées sont moins aqueuses et

---

(1) Sur les bords de la Seine, Gilbert a mesuré des racines qui avaient 9 à 10 pieds de long.

médulaires; les feuilles ont plus de consistance et d'ad-hérence aux tiges que celles du trèfle; les sommités, quand elles conservent leur bouquet terminal, sont plus souples et plus appétissantes; mais si on considère nû-ment la luzerne, c'est-à-dire, sans mélange de gramens; si dans la dernière saison, pour ses regains, elle est également sujette aux intempéries; si on considère en-core, relativement aux bêtes à cornes et à laine, qu'elle ne porte pas à la rumination, comme l'herbe des champs, et qu'après un an, elle se brise ou laisse échapper ses feuilles, et qu'elle est alors une mauvaise affourure, on doit en conclure qu'elle ne mérite pas d'occuper une aussi grande étendue dans les guérets, qu'on ne cesse de le dire, et qu'elle est loin d'être digne de la préférence sur les foins des prés naturels.

Déjà, dans les pays de grande culture, on a reconnu qu'elle ne dispose pas la terre à la fertilité; que ses dé-frichemens, par la grosseur de ses racines et par leur profondeur, exigent de plus forts attelages, et qu'en définitive, à la suite du gros chiendent qui s'empare toujours des places vides, les récoltes ne répondent pas aux espérances. Elle-même semble se dédire de son premier attrait pour notre sol; car il est de fait qu'elle dure infiniment moins qu'autrefois. Tous les livres lui ont attribué dix à quinze années de végétation profi-table; et Pline, qui trop souvent écrivait de confiance, nous a dit que la luzerne, aux environs de Rome, durait vingt à vingt-cinq ans. La brièveté des baux a pu faire hâter sa destruction; mais en général la luzerne, après trois ou quatre ans, est déjà hors de produits pour des fourrages secs. On cite avec assurance une plus grande durée, et des coupes réitérées dix à douze fois dans l'année ; mais on ne dit pas que cette végétation si prospère n'a lieu que sur les terrains qu'on peut arroser, et spécialement dans le midi.

Tout bien considéré, la luzerne n'a d'autre mérite réel que d'être précoce et de pouvoir être donnée en vert aux bêtes à cornes. Quant au fourrage sec, son utilité est bien restreinte, et ce n'est point par ce moyen que les vaches laitières donnent et conservent leur lait, et les chevaux leur vigueur. Nulle part, dans les auberges, dans les roulages, aux services accélérés, la luzerne n'est donnée en rations ; on en donne encore moins aux chevaux de luxe, à ceux de la cavalerie, et même de l'artillerie ; à Paris, il est vrai, elle est cotée pour ses prix ; mais les premières qualités y sont celles qui tiennent le plus de graminées dans les bottes marchandes. Les simples agriculteurs de la banlieue y renoncent également, et, au lieu de trèfle ou luzerne, ils préfèrent semer de la graine de foin pour leurs chevaux de bât ou de voiture.

Humphry-Davy, dans ces derniers temps, a eu de la vogue parmi nous ; il la méritait mieux qu'Arthur Young. Ses analyses chimiques, relativement aux choses de l'agriculture, ont fait impression sur quelques savans ; nous aurons occasion d'y revenir ; il ne peut être ici question que de ce qui se rapporte aux plantes des prés artificiels, dont les fourrages sont donnés en vert aux bestiaux. Voici le tableau que ce savant Anglais a fait de quelques plantes, qui, selon lui, contiennent des parties nutritives :

La luzerne. . . . . 25.

Le trèfle . . . . 39.

Le sainfoin. . . . . 39.

La fétuque des prés. . . . . . 19.

Le vulpin. . . . . 35.

Le fiorin. . . . . 76.

Ces différences dans les parties nutritives sont loin de mériter une confiance entière ; car, sous le rapport des sucs nutritifs (1), les qualités des terrains donnent déjà de grandes différences. Il y en a beaucoup encore entre les plantes cultivées isolément ou en masse, par la position des lieux et par les climats ; mais c'est toujours un passe-temps pour les amateurs, et je suis fâché que M. Chaptal y ait attaché autant d'importance.

Les *Annales d'agriculture* ont publié en 1819 un état détaillé du triomphe des cultures de M. de Gaujac, de Coulommiers en Brie, qui, au lieu de semer la luzerne, la plante, et dont les coupes, à la troisième année, sur deux arpens, ont, dit-il, nourri toute l'année douze chevaux ; pendant six mois, douze vaches, et pendant cinq, cent cinquante moutons.

Peut-on abuser à ce point de la permission d'écrire et d'enseigner !

Mais ce n'est encore qu'un échantillon de l'agricul-

---

(1) Depuis que la Société de Paris s'est organisée en Société royale, centrale et normale, pour la direction de l'agriculture en France, des correspondans, amateurs de ses suffrages et de ses médailles, ont osé avancer que les fourrages des prés artificiels contenaient un tiers plus de substances alimentaires que les fourrages des prés naturels. On ne pourrait citer une hérésie agricole, ou un mensonge plus condamnable.

ture encyclopédique de M. de Gaujac ; car ses sainfoins produisent cinq cents bottes à l'arpent ! Il cultive encore le pastel, la garance et le mélilot de Sibérie ; le bunias, dont cinq pieds suffisent au repas d'une vache ; la julienne lui a produit cinq coupes ; la patience maritime lui en a donné six, et un arpent d'orties, autant ; un arpent de galega , deux , etc. Dans sa vaste et insolite exploitation , M. de Gaujac réprouve le trèfle farouch , comme dévorant trop l'humus ; ainsi , la seule plante que tous les agriculteurs sensés préfèrent , est celle que M. de Gaujac élimine, et que tous les autres cultivateurs recherchent (1).

Tous les ans il sème , sur trente-sept arpens, de la fétuque, des brômes, paturins, élymes, flouves, et toutefois en attendant, n'omettons pas ici d'annoncer que M. de Gaujac a entrepris de mettre l'*acacia* en prairie artificielle.

C'est à un tel agronome que la Société d'Agriculture a fait déférer le prix de la Société d'Encouragement ; mais ce qui afflige le plus, c'est de lire une lettre de félicitations écrite au nom de cette Société, et de la voir signée Chaptal et Montmorency.

Ce ne peut plus être un doute, pour tout homme de bon sens, que les prés naturels valent infiniment mieux que les fourrages en luzerne : la France entière, moins la Société de Paris, en est convaincue.

La luzerne d'ailleurs a beaucoup perdu de son prix, depuis qu'on a vu les récoltes du blé froment défaillir

---

(1) Nous reviendrons sur le grand œuvre de M. de Gaujac quand nous traiterons des assolemens.

après les défrichemens des luzernières. Elle appelle en quelque sorte les hannetons à déposer leurs larves à ses racines, qui leur offrent un chemin tout fait pour se garantir des intempéries et des gelées d'hiver ; ils se jettent d'autant plus sur les luzernes, que les bois et boquetaux sont devenus très-rares sur le sol de la France. Elle est encore en proie à la cuscute, plante parasite qui n'a pas seulement l'effet de faire périr la luzerne, mais d'appauvrir le terrain où elle s'étend, de rendre en outre les fourrages que la faux confond, amers et repoussans. Combien n'y a-t-il pas eu de prix pour la prévenir et la détruire! et l'invasion de cette parasite n'en est pas moins active et générale, parce que la terre va toujours en s'appauvrissant.

Mais un des plus grands défauts de la luzerne, c'est de nuire à la végétation des arbres fruitiers : deux causes semblent y concourir ; la première, c'est que par sa nature arbustive, elle attire et absorbe vivement à son profit le *pabulum* de l'air atmosphérique, commun aux arbres ; la seconde, c'est que si elle est à travers les arbres, elle fait communiquer les vers blancs à leurs racines, qui sont en général plus du goût de ces larves. Il est possible que cette raison physique et cette circonstance ne soient pas bien positives ; mais dans le doute, à mon ordinaire, j'aurai recours à l'expérience pour affirmer que partout, au midi comme au nord, on évite de planter des arbres au milieu des luzernes ; c'est une leçon donnée ou suivie par les Normands et les Picards, pour les arbres à cidre et pour ceux des vergers ou jardins : on peut s'en rapporter à eux.

M. Godine, savant vétérinaire, rendant compte des travaux de l'école vétérinaire de Lyon, en 1823, a attribué des farcins et des éruptions cutanées à la consommation habituelle du trèfle et de la luzerne ; il ne faut pas même s'en étonner, si ces plantes ont été mal récoltées, et si elles ont d'ailleurs éprouvé des avaries dans les tas ou les bottes.

D'autres vétérinaires encore attribuent la détérioration du lait aux affourures en luzerne, au commencement de sa végétation ; ils nomment cette maladie la *poussée;* il n'y a pas même de doute sur le fait, que les céréales et les légumineuses précoces ne donnent aux vaches un meilleur lait, et une nourriture plus délicate aux veaux d'élèves.

La luzerne et le peuplier pyramidal nous viennent de l'Italie, et nous avons fait grand abus de l'une et de l'autre ; mais, pour ne parler ici que de la luzerne, il suffit de dire qu'elle est très-rare en Italie et surtout à Florence ; on ne s'en étonnera pas, quand on saura que l'agriculture n'y est exercée que par des bœufs nourris aux champs.

Il ne conviendrait pas à un agriculteur qui, un des premiers, en 1786, a gémi sur l'excessive multiplication du gibier et sur ses dégâts, d'en réclamer la conservation; mais ici j'ai l'intention de ne parler que du gibier à plume, qui tous les ans, en raison de la précocité des luzernes, se réfugie dans les champs qui en sont pourvus, et dont les nids sont détruits à l'époque de la fauchaison des prairies artificielles, qui précèdent d'un mois et plus la fauchaison des prés naturels ; ce n'est point exagérer que d'en porter le nombre à soixante sur cent. Ce n'est pas là, diront des rigoristes, un grand malheur; ils se trompent, ou ils ne réfléchissent pas, ou ils ne savent pas que les perdrix, les cailles et les alouettes vivent de graines parasites nuisibles aux céréales, et spécialement des espèces crucifères, des thlaspis, gesses sauvages, etc. Mais, qu'ils sachent donc que c'est un malheur public de détruire une race de volatiles aussi inoffensive, qui donne de la vie, du mouvement et des charmes à la vie des champs, et que c'est un grand bonheur, au contraire, d'y attirer et d'y fixer les riches propriétaires ; qu'ils sachent que plus il y a de plaisirs variés à la campagne, plus on s'y attache, mieux les terres y sont cultivées et qu'elles en ont plus de valeur ; laisser détruire enfin les perdrix, c'est diminuer les ressources de la table, et même les revenus inhérens aux terres où elles se fixent.

Le *sainfoin* a été admis le dernier au rang des prairies artificielles ; c'est un maître de poste d'Avignon qui, le premier dans le midi, en a fait un pré à faucher. Cette plante a été surtout bien accueillie en Bourgogne, à cause de ses coteaux et vignobles en sol calcaire, qui est aussi celui où elle se plaît et prospère ; dans les autres contrées on nomme le sainfoin *le Bourgogne*, quand en Bourgogne et dans d'autres endroits on le nomme *l'herbe rouge*. Originaire des Alpes, il se plaît toujours sur les monts et les coteaux élevés et même rapides, pourvu que le sol en soit calcaire ; sa culture est plus heureuse que celle de la luzerne et du trèfle ; car il ne fait que du bien ; le fourrage en plaît aux bêtes à cornes et aux chevaux ; il végétalise la terre, même dans les pentes rapides ; il souffre le pâturage des bêtes à cornes ; il est aussi plus facile au défrichement qui, dans les pentes rapides, ne se fait ordinairement qu'à la houe.

En basse Bourgogne, on le cultive également sur d'assez vastes plateaux élevés et tout calcaires, tels que dans l'Auxerrois et le Tonnerrois, où, après avoir servi de pâturage aux bœufs et aux vaches de labour, il prépare très-bien la terre pour les céréales. Avant cette culture, les sommets des monts et collines n'y comportaient aucune végétation ; aujourd'hui ils sont accessibles à la charrue, et susceptibles d'assolemens pour les céréales.

Le pâturage du sainfoin pour les bêtes à cornes est excellent, et de plus très-substantiel : le fourrage en plaît à tous les bestiaux, aux chevaux, aux bêtes à laine et aux ânes ; mais l'expérience a fait connaître qu'il ne fallait en donner que de petites rations aux chevaux : donné modérément, il supplée à l'avoine, quand la tige conserve encore de la graine ; mais s'il est livré à discrétion dans cet état, les chevaux peuvent en uriner du sang.

Dans l'engouement pour la luzerne, on l'avait aussi semée sur le sol défriché des vieilles vignes ; mais les vignerons n'ont pas tardé à s'apercevoir de la mauvaise influence du voisinage de la luzerne ; ils y ont renoncé aussitôt que l'herbe rouge leur a été connue. Dans tous les pays vignobles, car là sont les pays calcaires condition première des bons vins, le sainfoin est une très-heureuse conquête.

Le *sulla*, sainfoin d'Espagne, duquel sont épris des amateurs tels que M. de Gaujac, ne convient point à notre agriculture ; aussi n'en voit-on que dans les bordures de pur agrément.

Dans l'ordre des prairies artificielles, il y a sans doute, selon les climats et les terrains, d'autres plantes que celles que nous venons d'indiquer ; ainsi , dans le Poitou et le Maine, on cultive avec succès le chou cavalier, qui s'élève jusqu'à six pieds de haut, et c'est un excellent fourrage ; mais il a un grand défaut, c'est d'être une industrie de la France ; ainsi, encore dans la Bretagne , il y a des champs d'ajoncs , qui , préparés, servent de bon fourrage, et dont les racines ressemblent beaucoup à celles du trèfle et de la luzerne ; mais le climat seul en revendique la culture. Dans le centre de la France les épines en sont trop dures , et sa ramification y est trop concentrée.

Dans le Languedoc on se fait des prés artificiels avec le maïs; quelques-uns y cultivent le lupin et des vesces.

Dans le Berri (1), le Poitou, on sème des fèves , des vesces et des pois.

Dans les pays de grande culture, pour fourrage de primeur, on sème de l'escourgeon et du seigle, qui y servent encore à mettre au vert les chevaux fatigués.

Il y a quelques années , on vantait le fourrage de la minette dorée ou lupuline ; mais ce n'a été qu'une mode; ceux qui en ont essayé n'y sont pas revenus ; car cette plante use et salit considérablement les terres à blé.

Dans tous les livres et catéchismes d'agriculture, on

---

(1) A la voix de M. B. le gouvernement, en 1808, a envoyé, dans le département de l'Indre, vingt mille livres de graines de prairies artificielles ou réputées telles ; l'agriculture y est encore la même, et le Berry compte toujours des champagnes. Les prés naturels d'une part, et le pâturage vif de l'autre, quelques bœufs , quelques chevaux d'élèves, et un très - grand nombre de bêtes à laine, feront mieux et plus tôt prospérer le Berry , et surtout le département de l'Indre, que les prés artificiels.

cite et recommande le ray-grass ; mais il faut distinguer son emploi : coupé en vert, il fait un bon fourrage, même sucré ; si on le laisse mûrir, il a moins de qualités que la paille ; il tend d'ailleurs sans cesse à s'isoler ; il n'a jamais que trois fanes, et il rend peu de détritus à la terre.

On doit à Cretté de Palluel, mon honorable ami, la culture de la chicorée sauvage en prairie artificielle ; il tenait alors, indépendamment de sa belle ferme de Dugny, les deux postes de Saint-Denis et du Bourget ; quand des chevaux de ses postes étaient fatigués ou malades, il les mettait pendant une quinzaine au vert de la chicorée sauvage ; il ordonnait en outre un régime relatif à l'état de chaque cheval ; lorsqu'ils étaient bien refaits, il les mettait un mois à la charrue ; après ce temps, il les rendait aux relais.

Il ne faut pas oublier la pimprenelle, dont la végétation s'accommode fort bien des terrains arides et montueux, et dont le fourrage est excellent ; il donne au lait un goût exquis ; les vignobles l'ont aussi adoptée.

La conséquence de cette revue sur les prairies artificielles, c'est que partout les propriétaires, leurs fermiers, et même les Sociétés d'agriculture, à commencer par celle de Paris, pour l'expiation de ses erreurs, devraient se hâter d'en revenir aux prés naturels et aux pâturages vifs sur les jachères. Les pays de grande culture doivent surtout adopter cette conséquence pour prévenir l'épuisement du sol, et pour se créer de bons fourrages ; ils doivent même, dans leurs assolements, assigner une réserve pour être en jachère pacagère, et se faire une règle de passer ainsi tout le sol de leurs fermes ; qu'ils ne perdent pas de vue que ce sont les bons fourrages qui donnent et soutiennent la vigueur des attelages, comme ce sont les bonnes herbes qui font les bonnes laines, qui donnent le meilleur lait aux vaches, et qui, en définitive, forment les meilleurs fumiers ; c'est enfin en revenant à ce principe, que les fermiers pourront revenir aussi à faire des élèves et à soutenir des troupeaux de bêtes à laine.   R. B. d. l.

DE LA REPRODUCTION ET DE L'ÉDUCATION
DES CHEVAUX

PROPRES A TOUS LES SERVICES DANS L'ARMÉE, A L'AGRI-
CULTURE, AU COMMERCE ET AU LUXE ;

Avec l'indication du seul moyen qui peut affranchir la France des énormes tributs qu'elle paie à l'étranger.

Ce titre, qui ressemble à tant d'autres passés et présens, par lesquels on annonce des merveilles, pourra peut-être inspirer la commune défiance ; je me hâte donc de prévenir le lecteur et même le gouvernement, à qui le présent mémoire sera adressé, que le moyen que je vais indiquer est déjà justifié et démontré par l'expérience en France, et qu'il est en tout conforme au vœu de la nature. S'agissant ici de la patrie, je supplie tout lecteur, dont la voix et les avis ont quelque crédit auprès du trône, du gouvernement et des sociétés savantes, de prendre la peine de lire ce mémoire, fort court d'ailleurs, relativement à l'importance du sujet.

Je m'étais flatté en publiant, il y a dix années, mon

Cours complet d'agriculture pratique, que les hommes du gouvernement préposés à l'administration du pays, ou que ceux du moins des sociétés savantes prendraient en considération mes représentations sur la reproduction et l'éducation des chevaux ; que les uns pourraient en recommander l'examen ou les applications, et que les autres, s'ils les combattaient, offriraient conséquemment des mesures plus sages et plus effectives ; mais il n'en a pas été ainsi ; les ministres, à l'ordinaire, sont restés muets, et la bureaucratie s'est de plus en plus enfoncée dans la théorie et dans un cours d'abus qui lui sont spécialement utiles.

Les ministres de la guerre se sont reposés sur le budget pour se procurer des chevaux, et tous les millions dépensés pour composer et organiser une nouvelle cavalerie, ne les ont pas même portés à reconnaître les causes persistantes de la disette extrême des chevaux en France, ni à s'éclairer sur les abus que comportent les remontes.

Les ministres de l'intérieur, qui ont été constamment, comme si c'était une chose convenue, étrangers à l'administration générale, se sont bornés à donner des signatures sur les prétendus haras ; et ils n'ont pu juger de cette partie essentielle de leur administration, que d'après les avis ou rapports de la bureaucratie, qui de son côté n'a vu que le maintien de ses titres, et ceux des hommes de l'état-major mis en campagne. Il y a long-temps qu'on a dit que la France, par ses chevaux indigènes, pouvait et devait suffire aux besoins de l'armée et du public. C'est une vérité qui est démontrée par son vaste territoire ; c'est encore une vérité de fait, que ses chevaux ont été long-temps un grand objet d'exportation ; mais puisque la thèse est totalement changée, examinons-en les causes. Elles sont réelles et palpables ; jetons un coup d'œil rapide sur les temps antérieurs, où la France élevait beaucoup de chevaux, et par suite, sur les époques de la révolution, de la terreur, de l'empire et de la restauration. Ces considérations sont nécessaires pour faire apprécier le moyen exclusif que je vais proposer pour la reproduction des chevaux de service.

Lorsque la monarchie avait ses bans, la noblesse devait assister dans la guerre ou le roi ou les suzerains ; elle seule commandait dans la cavalerie. Les seigneurs ainsi, en raison de leurs titres et de leurs grandes propriétés foncières, s'occupaient constamment et fort activement à élever des chevaux, qui fussent en état de paraître aux revues et de servir à l'armée ; ce n'était donc pas seulement un devoir, mais une sorte de nécessité pour la défense personnelle des cavaliers nobles dans les batailles.

Sans remonter au-delà du seizième siècle, il suffit de faire observer que l'époque la plus constante et la plus florissante pour la multiplication et l'éducation du cheval en France, a été celle du règne de Henri IV et de l'administration de Sully ; l'un et l'autre d'ailleurs avaient bien su en apprécier les services à la guerre, et connu en même temps les ressources de la France pour en élever.

Dans ces temps, Sully avait réduit toute l'agriculture de la France au labourage et au pâturage, qu'il nommait les deux mamelles de l'État.

Sous Louis XIII, le cardinal de Richelieu, en neutralisant les participations des hauts et puissants seigneurs au gouvernement du roi , avait déjà en quelque sorte émancipé la glèbe nationale.

Louis XIV a fait tout bouleverser, les hommes et les choses ; la reproduction des chevaux s'était tellement amoindrie, que, de l'aveu de Colbert, on avait dépensé cent millions pour acheter des chevaux à l'étranger. Ce règne si admiré par les poëtes et par les historiographes, avait en outre causé tant de disettes et de famines, qu'il n'y avait plus en France d'autre émulation que celle de faire produire des blés.

Le gouvernement de son côté favorisait en conséquence par des primes et des exemptions , toutes les entreprises de défrichemens, et en tel lieu que ce fût. L'ordonnance de 1669 , pour cette cause , était partout impunément violée et méconnue.

Le cardinal de Fleury, qui n'aspirait qu'à jouir et à faire jouir la cour de Versailles et celle de Rome d'une vie tranquille et pacifique , ne tint aucun compte des sages et vives remontrances des parlemens et conseils supérieurs du midi, sur les violences et l'extension arbitraire des défrichemens des mons et de leurs *pâturages* qui étaient les plus favorables aux dépaissances : les cris du peuple demandant partout du pain étouffaient les plus sages représentations sur l'avenir.

C'est dans ces crises , pour lesquelles il n'y a pas eu un seul régulateur stipulant les intérêts de la postérité et les causes de la fertilité du sol , que se sont effacés dans le dix-huitième siècle des millions d'arpens de bois et de *pâturages*, et spécialement sur les pentes des monts , comme plus faciles aux instrumens des défrichemens.

A la révolution de 1789, le branle-bas des destructions a été général sur tous les points de la France, et de nouveaux millions d'arpens *de bois et de pâturages* ont disparu pour être mis en terres labourables. Les pays de petite culture eux-mêmes ont excessivement réduit les champs qui leur servaient à élever des bestiaux et des chevaux. Ceux de la grande culture, favorisés par le débit certain de leurs blés, ne se sont plus occupés qu'à en produire, et ils ont généralement cessé de faire des élèves. Les départemens, hors la Loire, ont seuls conservé la tradition de faire des élèves, mais leurs spéculations n'ont plus eu de rapport qu'aux bêtes à cornes et à laine et aux mulets.

Quelques membres de l'assemblée constituante avaient porté un coup terrible aux haras royaux, en disant que l'Angleterre qui possédait tant de beaux chevaux, n'avait point de haras; ils persuadèrent facilement qu'il devait en être ainsi pour la France; l'assemblée d'ailleurs y vit un article d'économie dans les dépenses du gouvernement.

En 1792 et 1793 tous les vieux liens d'administration et de traditions se trouvèrent rompus; les hommes de la terreur ne virent pas de moyens plus expéditifs pour procurer des chevaux aux armées, que d'en prendre où ils en trouveraient; des lois et des arrêtés de salut public autorisèrent immédiatement le maximum et les réquisitions.

On commença par dépouiller les haras royaux de leurs plus beaux chevaux; celui de Pompadour fut le premier sacrifié : il possédait de superbes étalons barbes et andalous dont s'emparèrent des généraux; les dépendances foncières en furent comprises dans la catégorie des domaines nationaux à vendre.

Dans un tel état de choses, les propriétaires du Limousin même cessèrent de faire des élèves, et ils vendirent leurs chevaux d'espérance à des agens accrédités pour les armées. La Franche-Comté seule vendit ainsi pour 980,000 fr. tous ses poulains et pouliches ; et les jumens poulinières furent attelées à de petites charrettes de commerce ; partout enfin les propriétaires, pour éviter les préhensions révolutionnaires, ne tenaient plus pour leur service que des chevaux tarés.

La France, au milieu de tant de guerres, se trouva bientôt dans une pénurie extrême de chevaux, et force fut au directoire, accablé sous le poids des assignats et des mandats, de donner de l'or aux juifs qui en amenaient de l'étranger ; les victoires heureusement suppléaient parfois aux plus pressans besoins des armées.

Cependant le chef de la république ne cessait de faire la guerre, mais il trouvait plus facilement des hommes que des chevaux ; il fut contraint lui-même de recourir aux fatales réquisitions, car il fit faire en l'an IX une levée générale de chevaux et de jumens ; les poulinières même ne furent pas exceptées. Ses réquisitions, quoique moins acerbes que celles de 1793, firent cesser partout le cours des élèves de chevaux ; de nombreuses réclamations lui furent adressées ; pour y répondre, il ordonna par un décret impérial du mois d'août 1806, la formation de six haras, de trente dépôts d'étalons et de deux écoles d'expérience. Celui de Pompadour fut rétabli, mais pour la cause du fatal denier dévolu aux administrateurs, les dépendances en avaient été vendues ; c'est à ce décret pourtant que se rapporte l'origine des courses publiques. Il fallait du temps, il fallait de la paix pour obtenir par les haras et les propriétaires des secours effectifs en chevaux, et la guerre durait toujours; l'Europe même était épuisée d'hommes et de chevaux; malgré tous les besoins, l'empereur alors défendait sévèrement l'importation des chevaux anglais.

Fatigué des réclamations de ses généraux pour remplir les cadres de la cavalerie, le 17 mai 1809, il rendit un autre décret daté de Schœnbrunn, par lequel il établissait à Paris un comité central de vingt membres, pour surveiller les opérations et l'administration des haras : c'était bien multiplier les êtres sans nécessité; mais ce décret n'a abouti à autre chose qu'à renforcer la fatale bureaucratie et la centralisation plus fatale encore.

Le décret de Schœnbrunn néanmoins mit en verve et en émoi tous les flatteurs de circonstances; dans une séance publique du mois de juillet 1810, on disait dans la société d'agriculture de Paris, que déjà les haras donnaient des chevaux de service à la cavalerie légère, et le secrétaire perpétuel apprenait à la France et à l'Europe que, « grâce à l'homme de génie qui réu- « nissait tous les genres de gloire, *mille étalons* avaient « porté des germes réparateurs sur *plus de quinze* « *mille* jumens » ; de telle sorte que d'après la bureaucratie des haras et de la société d'agriculture de Paris, on devait être désormais tranquille sur les besoins de la cavalerie, sur ceux du commerce et du luxe, et qu'incessamment la France, au contraire, pourrait vendre des chevaux à l'étranger.

Malgré toutes ces vaines assurances et ces prédictions, la France n'a point cessé de manquer de chevaux. La guerre à faire en Espagne a mis en évidence les flatteries et les annonces de la bureaucratie des haras et de ses organes dans la société d'agriculture de Paris; car il a fallu dépenser des millions pour acheter des chevaux de remonte à l'étranger ; car il a fallu réorganiser les haras et le conseil de surveillance. Je ne suis pas plus touché des dernières assurances données par M. Syrieys de Mayrinhac, que la France aujourd'hui peut se suffire à elle-même pour tous ses besoins de chevaux ; comment le croire en effet, quand, après avoir vivement critiqué, comme député, les courses publiques des chevaux et les abus de l'administration des haras, il s'en est déclaré le soutien et l'apologiste, lorsqu'il en a été le directeur général : ce n'est pas là du moins être conséquent.

La théorie malheureusement est encore intervenue, et c'est au nom de l'Angleterre sa patronne, qu'elle a proposé, en compensation des prés naturels et des *jachères pacagères* défrichées, les prairies artificielles ; comme si on *élevait* et nourrissait des chevaux de quelque prix avec le trèfle ou la luzerne. C'est elle encore, quand le gouvernement a été jusqu'à présent sans voix et sans avis pour les progrès de l'agriculture, qui a proposé audacieusement la *suppression absolue des jachères.*

Elle ne s'est point arrêtée à ces deux systèmes, elle a voulu encore faire établir celui d'une fécondité perpétuelle dans le sein de la terre, en couvrant chaque année le sol culte de plantes diverses qu'elle à qualifiées de *récoltes dérobées;* elle a voulu aussi faire prédominer le système de la stabulation sur le pâturage vif.

Il y a eu dans la révolution et sous l'ère impériale, de grands abus dans la bureaucratie et la gestion des haras, mais jamais il n'y a eu autant d'obstacles qu'il y en a à présent, seulement pour la reproduction des chevaux : faisons connaître les principaux.

1° L'abolition des jachères a séduit un grand nombre d'amateurs qui, étrangers à l'agriculture, mais propriétaires fonciers, n'ont vu de prime abord dans la proposition, qu'une plus grande abondance de grains et de denrées ; ils ont en conséquence recommandé le système ; quelques-uns même ont laissé toute latitude à leurs fermiers ou colons, pour s'affranchir des clauses contraires dans les baux et coutumes ; ainsi encore a disparu une étendue immense de champs *paeagers* qui servaient périodiquement au pâturage des troupeaux et *des jumens poulinières ;* et la France n'en a eu ni plus de grains ni plus de denrées.

L'abolition absolue des jachères, délibérée par une société savante, affiliée à l'Académie des Sciences, n'a pas été seulement une atteinte portée à la fertilité du sol, à l'abondance des blés ; elle est encore en agronomie une hérésie condamnable, même aux noms de la science et de la patrie.

2° Les prairies artificielles n'ont été nulle part une compensation *du pâturage vif qui avait préexisté dans toute la France ;* nulle part, à cause des météorisations, on n'a pu les faire pâturer, nulle part on n'a pu élever de jeunes chevaux par elles, nulle part enfin, quoi qu'en puissent dire les théoriciens du ministère et du tourniquet de la préfecture, on ne nourrit les chevaux de peine, de luxe, et moins encore ceux de l'armée avec du trèfle ou de la luzerne ; il est reconnu généralement aujourd'hui que les prairies artificielles nuisent essentiellement à la fertilité du sol. C'est par cette double cause, de l'aveu de M. Yvart, que l'étendue en est excessivement réduite, même dans les pays de grande culture, où les défrichemens de ces sortes de prairies n'ont donné, à chaque épreuve, que de chétives récoltes en blé. Cette observation avait été faite depuis long-temps en Italie, en Allemagne et même en Angleterre (1).

La consommation des trèfle, luzerne et sainfoin a été reconnue et jugée spécialement contraire à la race chevaline ; des vétérinaires renommés ont déclaré que ces plantes lui causaient fréquemment des éruptions et même le farcin ; à Paris, où siége la vaine théorie, on ne voit jamais en donner des affourures aux chevaux de prix, à ceux de luxe ni même à ceux des fiacres, auxquels on donne toujours au contraire du foin d'élite.

3° La même théorie qui a voulu faire abolir les jachères herbeuses et substituer les prairies artificielles *au pâturage vif,* a prétendu encore par l'organe de son grand-prêtre, M. Yvart, introduire le régime de la stabulation. Des vétérinaires même, accrédités au ministère, ont appuyé ce système et cité des exemples de succès pour les plus jeunes chevaux. Il était diffi-cile d'imaginer une hérésie plus déplorable contre la science et contre la nature ; car c'est supposer à la fois que les herbes du pâturage vif sont inférieures en qua-lités pour élever et nourrir de jeunes chevaux, et que

---

(1) *V.* les articles sur les jachères, et pour la consommation effective des herbages artificiels, la *Revue agronomique* de cette année.

leurs mouvemens libres sont nuisibles ou indifférens pour leur vie et pour leur organisation. La génération actuelle des chevaux subit déjà l'erreur d'un tel système, que les éducations particulières domestiques font encore accroître ou aggraver ; car il en résulte de très-fâcheuses déformations ; tous les chevaux élevés aux râteliers y éprouvent forcément une telle contraction de nerfs dans le col, qu'ils n'ont plus dans cette partie la souplesse, les belles proportions, les grâces libres et fières des mouvemens, ni enfin le *molli collo* de Virgile ; ils ne peuvent atteindre l'herbe courte des champs, ou boire à un léger courant d'eau, qu'en repliant une jambe de devant ; la contraction en est telle qu'ils n'ont plus même dans l'extensibilité de leur col, la faculté d'atteindre à l'extrémité de leur croupe pour en chasser les insectes.

On a reconnu encore que les chevaux attachés dès leur jeune âge aux rateliers, devenaient plus habituellement aveugles, parce qu'ils n'avaient pas assez tété leur mère, parce qu'ils avaient été trop tôt enlevés à l'herbe des champs, et parce qu'enfin les exhalaisons des fumiers altéraient leur vue.

On a justement observé encore que des poulains élevés aux râteliers, se couchaient immédiatement après avoir mangé ; que dans la suite, ils avaient les *jarrets droits*, que leurs pieds en étaient plus disposés au vice de l'encastelure, qu'ils se fatiguaient plus tôt que les autres à courir, et que tous ces effets étaient encore plus sensibles, quand ils avaient subi la castration.

Par la stabulation, les jeunes chevaux ne savent pas marcher ; les humeurs inhérentes au jeune âge étant moins agitées, ils jettent moins de gourme et sont conséquemment plus sujets aux mal..dies ; ils en sont aussi plus souvent *bégus* et plus tôt vieux ; la nourriture sèche enfin leur use plus rapidement les dents, etc. Comme, du reste , la stabulation est un système contre nature pour la première éducation des chevaux , nous en abandonnons les conséquences à ceux qui ont le pouvoir de faire cesser les abus.

Courses publiques.

On ne voudra pas croire un jour que dans un siècle de lumières pour les sciences physiques , on ait considéré les courses publiques des chevaux entiers et des jumens, à l'âge de six à sept ans , comme un moyen certain d'améliorer les races ; c'est vers ce but pourtant qu'à la voix de la théorie vétérinaire, le gouvernement lui-même tend chaque année, non-seulement à Paris, mais encore dans plusieurs départemens, et qu'il soutient ces courses par des fonds spéciaux et par des centimes additionels pris aux cottes des contribuables.

On conçoit l'erreur pour un système qui annonce et promet avec assurance un cours continuel de moissons ; on la conçoit encore pour des herbes artificielles destinées à suppléer aux prés naturels ; nouvelles d'ailleurs dans le système général de l'agriculture de la France, il était juste et sage de la part de tous de soumettre les plantes désignées à un cours d'épreuves ou d'expériences.

Quelques faits ou quelques exemples encore ont pu séduire ceux qui ont approuvé la stabulation.

Mais dire et publier, en science physique, en hippiatrique et en style *officiel*, que les courses publiques de chevaux ont pour but et pour effet d'en régénérer les races, d'en obtenir de meilleures ou de plus belles, c'est offenser à la fois la raison dans toute sa simplicité et l'universelle expérience que donne la nature sur toute la terre.

Commençons d'abord par faire la part la plus légitime de ces courses : il peut être utile et agréable de posséder des chevaux vites et vigoureux pour la chasse ou pour des paris.

La capitale et les grandes villes, par des concours, qui sont des spectacles ou des fêtes, peuvent s'en accommoder; le luxe et les spéculations peuvent y trouver leur compte ou des satisfactions ; mais, hors de ces cas, les courses avec les motifs d'utilité publique qu'on leur prête, sont un non sens formel, et l'abus le plus étrange que des hommes qui se respectent et qui doivent respecter les autres, puissent faire de la science et de la physiologie.

Pour en bien juger il suffit d'avoir vu ou même de se faire une idée d'un cheval et d'une jument agréés par les vétérinaires officiels pour courir dans une lice; ils doivent avoir six à sept ans ; l'un doit être nerveux, léger d'embonpoint et assez fort pour porter le poids de celui qui doit le monter à la course; l'autre ne doit pas être moins svelte par le ventre et les jambes ; elle doit encore n'avoir pas senti l'atteinte du cheval entier.

Or, je le demande, est-ce à de tels coursiers qu'on peut comparer les étalons et les cavales, dont la science hippiatrique a constamment fait et donné la description qui suit. Elle veut qu'un étalon soit fermement étoffé, qu'il ait des jarrets larges, forts et nerveux, qu'il y ait de justes rapports entre son embonpoint et sa destination ; elle veut qu'une jument ait de l'ampleur dans son coffre, que ses membres et même sa queue soient bien fournis ; elle dit encore qu'à l'âge où on fait courir les jumens dans la lice, c'est-à-dire à six ans, celles qui sont destinées à reproduire doivent avoir déjà donné des preuves de filiation.

Depuis plus de vingt ans ces courses existent ; quel propriétaire, quel nourrisseur d'habitude a pris, pour la reproduction, des chevaux et des jumens *vainqueurs* aux courses? Car, pour ceux qui élèvent, il ne s'agit pas d'avoir des chevaux bons coureurs, mais des chevaux en état de supporter les fatigues à la selle, au trait et à l'armée.

Une jument de course, par règle admise, doit avoir de six à sept ans ; mais si elle a vaincu deux ans de suite, elle aura donc huit à neuf ans quand elle sera livrée à l'étalon pour faire race ; cependant, de l'aveu de tous les nourrisseurs, c'est un âge indu pour qu'elle devienne une bonne nourrice ; car, à cet âge, il y a déjà quatre ans qu'en Basse-Normandie les jeunes cavales ont produit. Il y a peut-être moins d'inconvéniens pour le cheval coureur ; mais l'expérience est encore en faveur des jeunes étalons de trois à quatre ans : c'est un point de fait dont les nourrisseurs normands savent bien profiter pour vendre et faire procréer plus sûrement.

Deux grands exemples sont donnés à la France pour obtenir de bons chevaux de cavalerie et de luxe ; l'un par le Limousin, l'autre par la Basse-Normandie ; quoique le premier ait perdu son ancienne tradition et sa renommée, l'exemple du fait n'en existe pas moins ; mais la Basse-Normandie seule est restée en possession d'élever de bons et beaux chevaux, c'est donc à l'imiter que le gouvernement doit s'attacher.

Il n'y a qu'un avis en France et dans l'étranger pour mettre *au premier rang la race des chevaux limousins.* Quels étaient les moyens employés par les propriétaires ? les uns recherchaient des étalons d'origine arabe, barde ou andalouse ; les autres se bornaient à faire saillir les jumens au haras de Pompadour, dont le gouvernement d'alors sentait tout le prix.

Tous les ans il y avait un appel dans chaque arrondissement pour faire arriver sur un point indiqué, non-seulement toutes les jumens poulinières et leurs poulains d'un, deux, et trois ans, mais encore toutes celles qu'on destinait à la reproduction, et qui, jugées propres, étaient inscrites avec signalement dans un registre qui restait déposé à l'intendance. A ces réunions on passait en revue les jumens inscrites et leurs poulains, et sur l'avis des experts, ordinairement officiers de cavalerie, on accordait les primes d'émulation.

Il faut ici faire bien attention que ces primes, quelles qu'elles fussent, étaient une juste indemnité de la peine et des soins que prenaient les nourrisseurs, les trois quarts simples métayers. Ces primes n'existaient pas en Normandie ; mais en Limousin elles étaient absolument nécessaires, parce que, de règle et de science acquise, les jeunes chevaux n'étaient montés qu'à sept ans. On sent qu'il fallait une indemnité pour faire garder si long-temps, nourrir, entretenir et façonner les chevaux d'élèves ; là, des primes n'étaient donc pas un système, mais, de la part du gouvernement, une indemnité bien calculée. Cet ordre de choses a duré jusqu'en 1784 ; car c'est à cette époque que le Limousin a été ébranlé dans sa vieille tradition pour élever des chevaux. Depuis long-temps il ne voyait pas sans envie les autres provinces, entre autres la Normandie, vendre très-cher leurs chevaux à trois ans. Déjà même des propriétaires avaient fait venir des étalons normands, et dès ce moment la race limousine si précieuse pour l'armée s'est amoindrie, si elle ne s'est pas tout-à-fait effacée.

Ministre de la guerre, je me ferais attribuer l'administration des haras du Limousin et l'ensemble des reproductions ou régénérations de la race limousine; il y aurait beaucoup à faire aujourd'hui. Les propriétaires ont pris d'autres erremens que ceux de 1775 à 1780; ils préfèrent élever des bêtes à cornes et engraisser leurs bœufs; plusieurs même élèvent des chevaux communs ou des mulets, dont les ventes sont plus promptes et constituent un revenu *annuel*, ce qui est un point essentiel, relativement à notre système d'impôts.

Si le ministre est bien conseillé, et s'il a la sagesse de s'émanciper des vieux théoriciens vétérinaires, il fera un réglement d'après lequel il s'agira moins d'administrer les haras et les dépôts d'étalons, que de mettre la race limousine en état d'aménagement, et d'après lequel, comme autrefois, il n'entrerait pas un cheval dans les cadres des corps de cavalerie et de la maison du roi avant l'âge de sept ans. Cette condition, bien entendu, imposerait celle des indemnités annuelles, mais il y aurait obligation de représenter les chevaux indemnisés; sauf au gouvernement, à un âge donné, de les faire mettre *en école de cavalerie* jusqu'à l'âge déterminé : dans ce cas, les indemnités cesseraient. Ce moyen si simple serait à l'avantage des nourrisseurs et de l'État. Quoi qu'il en soit, le ministre ne pourrait faire un meilleur placement des fonds de son budget, puisque d'une part les chevaux limousins, conduits comme ils l'étaient autrefois, vivaient vingt-cinq à trente ans, et que de l'autre les chevaux de noble race se vendent aujourd'hui des prix exorbitans.

Il serait digne du ministre, après avoir bien assuré les bases du repeuplement des chevaux limousins, d'assigner chaque année des revues, et à la septième année de son établissement, d'en instituer une solennelle, d'après laquelle il ferait la répartition des chevaux ainsi élevés entre les corps; il serait juste d'en affecter une partie aux gardes du corps du roi. S'il veut donc faire le calcul des indemnités et dépenses annuelles pendant sept ans, et des valeurs de la masse des chevaux qui seraient fournis, il reconnaîtra qu'il aurait encore une grande économie dans les dépenses; c'est un courage qu'un digne administrateur qui a de l'avenir et du patriotisme doit prendre et suivre avec constance : il est toujours temps de faire bien (1).

Rentrons maintenant dans la question générale de la reproduction de l'espèce laissée au ministre de l'intérieur, auquel peut-être l'attribution donnée au ministre de la guerre inspirerait de l'émulation; et à notre tour offrons quelques réflexions sur l'exécution.

Le cheval est de tous les quadrupèdes celui qui at-

---

(1) La longévité du cheval peut s'apprécier pour son utilité et pour l'économie, par le fait des consommations qui s'en font à Paris, où on compte trente mille chevaux, et où il en meurt huit mille par an ; comment suffire à une telle consommation, et à celle des régimens de cavalerie, d'artillerie, etc.?

teint et pince de plus près l'herbe des champs ; cette faculté étant bien connue, les propriétaires fonciers, ceux même qui cultivent avec des bœufs, qui en élèvent et qui en engraissent, n'ont point à s'inquiéter des moyens d'élever des chevaux qui vivront bien et prospéreront même dans les champs que les bêtes à cornes auront éprimés ; c'est précisément au surplus ce qui se pratique en Normandie.

Le pâturage vif est la vie par excellence des jumens poulinières ; elles en ont un lait plus abondant et plus exquis, et dès que leurs poulains ont pris goût à l'herbe des champs, ils trouvent suffisamment à vivre : toutefois il importe beaucoup pour l'espèce et ses hautes qualités de les laisser téter le plus long-temps possible.

La déambulance des jeunes chevaux est presque pour eux une seconde vie ; leurs courses, leurs luttes, leurs sauts exercent leurs jambes et disposent leurs organes à prendre les développemens que réclament la beauté et la bonté.

Il faut sans doute les accoutumer à rentrer sous les toits, se familiariser avec eux, et leur donner quelques affourures dans les saisons rigoureuses ; mais leur nouriture la plus chère sera toujours l'herbe des champs et de préférence celle des monts, comme plus appétissante et plus substantielle.

Si, dans une métairie, il y a un petit haras, comme il en existe dans la Nièvre, dans la Puysaie et dans le Berry, les jeunes poulains et pouliches à l'âge de trois ans peuvent déjà être de quelque utilité, mais exclusivement à la charrue ; dans ce cas, il convient d'en mettre quatre ou six en attelage, ayant le soin toutefois de mettre deux chevaux modérateurs au soc de la charrue; on voit souvent de tels attelages en Angleterre; ainsi que dans la Puysaie de l'Yonne, on voit également des attelages de huit à dix jeunes bœufs en labour.

Les amateurs de la stabulation prétendent qu'on peut mieux surveiller l'éducation des chevaux de race, juger de leurs caractères, prévenir les mauvaises habitudes; l'un d'eux même, quoique vétérinaire de fraîche date, s'est prononcé pour la stabulation, en ce que les jeunes chevaux sont moins exposés à manger de mauvaises herbes; on peut lui passer cette ingénuité, car il devrait savoir que les chevaux, comme tous les herbivores en dépaissance, ont un instinct merveilleux pour juger des herbes qui leur conviennent et pour laisser celles que leur appétit dédaigne; tandis que dans les crèches ou râteliers ils sont en quelque sorte forcés de manger l'affourure qu'on y met.

Le même jeune savant vétérinaire a fait un calcul pour faire juger de la différence de la dépense à élever de jeunes chevaux sous les toits, et des avantages qu'il y aurait d'ailleurs à préférer l'éducation des chevaux à la culture du blé; il suppose qu'on les nourrit à *la luzerne*, et il trouve qu'un nourrisseur dépense 328 fr. par an pour chaque cheval : c'est bien là le système de la théorie sur les *prés artificiels*, car il suppose que des chevaux ainsi élevés et nourris de luzerne peuvent se vendre mille écus.

Mais laissons ces erreurs trop communes à ceux qui ne connaissent bien que Paris, et les livres à ceux qui, fiers de quelques voyages, s'imaginent, comme Arthur Young, bien juger de l'agriculture et des ressources d'un grand État.

Établissons ici le grand principe sans lequel la France ne pourra jamais suffire à tous ses besoins, parmi lesquels il y en a qui sont de nécessité publique pour l'armée, pour le commerce et l'agriculture. Toute l'antiquité dépose que dans les divers climats du monde, il n'y a que *le pâturage vif* pour élever et bien nourrir les jeunes chevaux : ce mode partout est parfaitement dans les principes de la nature.

Nous en avons au surplus des preuves et des exemples en France : tels sont les chevaux de la Camargue, qui sous ce rapport a eu aussi son temps de gloire, ce qui nous est attesté par MM. Rostan et Voyer d'Argenson, inspecteur général des haras en 1752. Les premiers chevaux de ce delta du Rhône étaient d'origine asiatique et ils étaient renommés par leurs qualités. En 1737 en effet on y avait importé des chevaux d'Asie et d'Afrique; tant que ce sang y a duré, les productions ont conservé de la réputation, mais les fonds d'une part ayant manqué pour renouveler le sang arabe, et de l'autre ayant introduit des étalons normands, la race des chevaux y est descendue à n'être plus que ce que la nature seule peut y faire; toutefois l'usage du pâturage vif y est exclusif toute l'année.

Au temps de Henri IV, les chevaux des Landes, de Gascogne et spécialement ceux de l'Armagnac étaient fort estimés, et ils en formaient le principal revenu; leur régime de vie était encore le pâturage vif.

C'était encore celui de la Bretagne, de la Franche-Comté, du Poitou, du Berry, du Morvan et du Charolais, de la *Sologne* : rappelons à ce mot le bel établissement du maréchal de Saxe à Chambord où le pâturage vif encore était la base du haras; quel meilleur emploi pourrait-on faire encore de ce vaste parc, dans lequel il suffirait de reprendre les erremens de l'illustre maréchal ?

Les pays étrangers partout nous donnent l'avis de l'excellence du pâturage vif et particulièrement le Danemark, la Suède, où en 1757 il y avait trente lieues de pays affectées aux haras; la Saxe, la Prusse, la Bohême, la Hongrie et la Bavière suivent le même mode; c'est dans ces pays - là mêmes que nous allons chercher nos remontes pour la cavalerie et pour le luxe des attelages.

L'Angleterre qui est toujours le point de mire des théoriciens, suit et observe plus que jamais le pâturage vif pour les jeunes chevaux, et cet usage s'appuie sur l'immensité des acres de terres en friches ou jachères herbeuses; imitons-les pour renouveler le sang arabe dans nos haras, mais défions-nous de la théorie et de la stabulation pour élever des chevaux.

Mon but et mon intention n'étant pas d'offrir un mode commun réglémentaire pour la tenue et le régime des haras, ni pour la monte libre ou forcée, je ne peux que renvoyer à mon cours complet d'agriculture, sur chacune de ces parties, dans lequel je ne me suis appuyé que sur des faits et sur l'influence immédiate de la nature; il me reste donc à résumer les réflexions que je viens d'exposer pour en venir à un bon système de reproduction et d'éducation du cheval, propre aux différens services.

La première conséquence à déduire de ces réflexions, c'est que, 1° d'après la nature et l'expérience universelle, on ne peut raisonnablement supposer, ni la reproduction, ni l'éducation méthodique des chevaux, sans avoir fait jouir d'abord les poulains et pouliches d'un long allaitement, comme cause première de l'heureux développement des organes, et sans les livrer, immédiatement après le sevrage, au pâturage des champs, où ils doivent vivre, jusqu'à l'âge d'être livrés aux services auxquels ils sont propres, ou qu'on leur impose; de ces règles dépend à la fois la durée du service et de la vie des chevaux.

2° Que l'État a le plus grand intérêt de faire adopter et suivre cet ordre d'éducation, puisque la durée du service et de la vie du cheval est pour lui très-utile; car il n'en est pas de la rapide consommation des chevaux, comme de celle des bêtes à cornes qu'on met aujourd'hui en exploitation dès l'âge de quatre à cinq ans, notamment pour les bœufs.

Ce calcul pourrait fort bien n'être pas celui de la Normandie, où la race cavaline est mise dès l'âge de trois ans en vente pour la selle et pour la voiture; mais tel ne doit pas être celui d'une administration d'État qui doit faire entrer dans ses considérations la longévité du cheval, la sûreté et l'expérience de ses services dans l'armée, et une santé robuste, exempte des infirmités habituelles aux jeunes chevaux : tel fut pendant plusieurs siècles le cheval limousin : et tel il faudrait, pour l'économie de l'état et pour obtenir une grande et constante virtualité dans ce quadrupède, que le gouvernement entreprît la régénération de la race limousine; tout l'y invite, tout lui en fait même un devoir. Les moyens proposés ne seraient pas une dépense, puisque la longévité du service serait par elle-même une restitution; il doit sentir qu'il y aurait justice à faire jouir les nourrisseurs limousins d'une indemnité relative;

car déjà beaucoup de propriétaires, entraînés par l'exemple des Normands, vendent leurs chevaux à l'âge de trois ans. Si on veut enfin refaire réellement la race limousine, établir des haras royaux dans les trois départemens du Limousin ; et si on veut jouir encore d'une race unique au monde, pour laquelle sans doute le climat et les herbes de la contrée y ont eu une grande part, il faut se hâter de recourir aux anciens erremens, car tout y est à refaire ; tandis que pour la Normandie, il faut la laisser faire et continuer pour la reproduction, comme pour l'éducation.

3° Il est aujourd'hui bien démontré que les prairies artificielles, loin de favoriser la reproduction des chevaux, lui ont été au contraire infiniment nuisibles ; c'est au surplus de l'époque de l'introduction des plantes qui les composent, que datent la détérioration et la diminution du nombre des chevaux ; car elles ont fait suspendre ou interdire le pâturage vif, qu'offraient les jachères herbeuses.

On leur reproche avec beaucoup de raison d'altérer même la fécondité naturelle des terres arvales, les qualités des farines du blé froment, et conséquemment celles des herbes natives dans les dépaissances.

Nulle part, au surplus, on n'élève des chevaux par elles ; nulle part elles ne servent à engraisser les bêtes à cornes ; nulle part enfin on ne donne des affourures de prés artificiels aux chevaux de peine et de luxe ; et la consommation qu'en font quelques chevaux des malheureux ne saurait être donnée en exemple.

4° La stabulation pour les jeunes chevaux est le système le plus étrange et le plus bizarre qui ait jamais été émis dans un régime économique ; nous en avons fait connaître les vices et l'erreur, pour ne pas dire l'absurdité ; il semble inutile de le combattre encore, mais il faut en gémir.

5° Quant aux courses publiques (abstraction faite du spectacle qu'elles offrent), il faut peut-être moins s'étonner des suggestions de la bureaucratie vétérinaire, que du silence des savans en physique et en physiologie participant à l'administration générale, sur la doctrine avancée et répétée officiellement même par le *Moniteur*, que l'institution de ces courses est un sûr moyen de régénérer les belles races de chevaux et de les maintenir dans leur pureté.

Serions-nous dégénérés nous - mêmes au point de mentir à notre conscience de raison et à la science positive, pour laisser ainsi flotter au souffle de l'erreur ou de la flatterie les lois de la nature et l'expérience des siècles ; nous avons fait la part des chevaux coureurs, et nous persistons à regarder, en thèse générale, que les courses publiques peuvent au contraire nuire à l'amélioration des races. L'idée si fausse de l'influence de ces courses sur les belles races, nous est venue des vétérinaires, puisqu'ils la soutiennent et qu'ils ne la contredisent pas ; espérons que les jeunes vétérinaires qui se montrent avides d'instruction, et auxquels nous devons déja beaucoup de choses nouvelles utiles, combattront bientôt cette erreur dans laquelle la crainte ou le respect pour les chefs peut les retenir ; considérons les jeunes vétérinaires comme, dans l'état militaire, on considérait naguère les sous-officiers des corps, parmi lesquels il y en a eu beaucoup qui se sont montrés dignes de commander en chef : les vétérinaires des régimens surtout, pourront avec plus de fruit contredire ou combattre l'opinion accréditée sur les courses.

Regardons enfin comme *principe rigoureux*, qu'on ne peut élever, nourrir et former des chevaux de bonne race sans recourir au pâturage vif.

REVUE
AGRONOMIQUE.

ASSOLEMENS.

Le mot *assolement* est nouveau; il ne date que du dix - neuvième siècle : Rozier n'en a fait aucune mention dans son *Cours complet d'Agriculture pratique.* En le créant ou l'adoptant, les instructeurs actuels de notre agronomic ont voulu sans doute faire oublier celui de *dessolement,* qui, depuis des siècles, est dans la langue agronomique, laquelle s'est formée sur celle des Romains, qui appelaient *soles* les parties de terres cultes soumises ou destinées à des ensemencemens de grains; ainsi Virgile, dans ses *Géorgiques,* a dit :

Arida fimo pingui saturare.... sola....

Dans la vieille France on a par suite désigné, comme *sole* de l'année, la partie des terres arvales laissée en jachères, et sur laquelle on devait semer les blés d'hiver et de printemps; c'est sur ce mot *sole*, partout bien compris et bien entendu, que les coutumes, les jurisprudences et les cours de justice ont établi la défense aux fermiers et aux colons d'intervertir *les soles* ordinaires, voulues par leurs propriétaires ou par leurs ayant-droit, c'est-à-dire de *dessoler* ou *dérayer* les anciennes soles (1), ce qui, en d'autres termes, signifiait : qu'un fermier, qu'un colon ou qu'un usufruitier, n'avait pas le droit, sans une autorisation formelle, de mettre en sol arable des pasquis pacagers et des prés naturels exclusivement réservés pour la nourriture des bestiaux.

Dans ces derniers temps, la théorie s'est irritée de ce que, dans un siècle de lumières, le gouvernement et les sociétés savantes laissaient encore dans les liens d'une tradition coutumière la pratique générale de l'agriculture, et surtout de ce qu'elle était dominée par l'extrême brièveté des baux; elle y a même vu, en quelque sorte, un attentat à l'essor de l'industrie et aux progrès de l'art des cultures.

Cette dernière pensée, il faut en convenir, avait occupé déjà de graves légistes, et par suite les conseils du roi, les assemblées du clergé, les pays d'États, les intendans et même le fisc; mais chaque fois, le vieux pacte social, fondé sur la propriété foncière et sur l'assistance due au peuple agriculteur *privé de biens fonds*, a fait refouler ces propositions dans le plein exercice des usages et des coutumes que, de temps immémorial, le droit écrit, le droit public français et les lois avaient constamment et successivement avoués et consacrés.

Le clergé néanmoins a été celui, des corps délibérans sur les intérêts généraux, qui a mis le plus d'opposition à l'ampliation de la durée des baux. Ce fait n'a pas même besoin de preuves; les hommes du clergé ne possédant

---

(1) Dans le midi, on nomme *solatiers* ceux qui font les moissons des *soles*.

qu'à titre viager, il importait beaucoup aux bénéficiers, et surtout aux aspirans, de s'opposer fortement à l'innovation des baux *à longs termes*. On sait d'ailleurs que les titulaires connaissaient trop bien les avantages attachés au renouvellement des baux dont les avances, dites *pots de vin*, équivalaient au moins à une année de fermage. Il y avait souvent d'ailleurs des bois futaies attachés aux bénéfices, dont *les quarts de réserves* pouvaient, à une époque non éloignée, échoir en profit aux titulaires.

Cependant, malgré l'opposition du clergé, le gouvernement du roi, voyant passer tant de disettes et de famines qui le désolaient lui - même, et croyant en voir une cause dans l'extrême briéveté des baux limités partout à *trois*, *six* ou *neuf ans*, se détermina, en 1762, à laisser la faculté de porter la durée des baux jusqu'à vingt - sept ans ; mais ce ne fut que par simple ordonnance, qui n'était obligatoire que pour les biens du domaine.

Les parlemens ne dissimulèrent pas leur opposition à cette mesure, qui, par le fait, était une atteinte à la propriété, en ce que ces baux étaient une sorte d'aliénation temporaire. Ils considéraient, en outre, qu'un père de famille, âgé de trente-six à quarante ans, pouvait à peine espérer, dans le cours de sa vie, de renouveler le bail de son propre domaine ; que, dans ce cas, des fils, des héritiers, des acquéreurs tenus d'exécuter les baux existans, ne pourraient faire acte de propriétaires qu'à l'expiration des époques stipulées ; ils considéraient encore que la valeur des denrées et des blés, suivant ordinairement celle des monnaies, le fermier jouirait ainsi seul de la progression éventuelle du prix des choses comprises au bail. Les propriétaires, d'autre part, pouvaient justement craindre le passage d'un fermier insolvable ou entreprenant, et le danger de se mettre en procès avec lui pour cause d'éviction, dont les formalités étaient ruineuses. Les propriétaires, d'un autre côté, pouvaient aussi, dans leurs intérêts, désirer le renouvellement des baux, soit pour profiter des pots-de-vin passés en usage, soit pour jouir de leurs biens par eux-mêmes, soit pour se créer des améliorations ou des établissemens, soit enfin pour agrandir leur sol par des acquisitions.

L'assemblée constituante, vers laquelle tous les hommes d'État connaissant bien la France, et dont le nombre est si petit, devraient se retourner, afin de mettre en action ses grands principes pour la prospérité de l'agriculture; l'assemblée constituante, disons - nous, n'a point osé, malgré sa toute - puissance, et malgré d'imposantes représentations en faveur de la constitutionnalité, franchir la vieille limite du nombre *neuf* apposée par les Romains, renouvelée sous Trajan, toujours maintenue par nos rois et les parlemens, et toujours vivement défendue par le corps si respectable des propriétaires fonciers admis successivement à la rédaction des coutumes; tout même porte à croire que la division des baux par *trois, six, neuf,* a été et est encore très-positivement l'ouvrage des propriétaires fonciers.

Ainsi, cette assemblée, nationale s'il en fut jamais, si grande et si sage pour faire le bonheur de la France et de son peuple, n'a pas cru devoir abolir, comme elle en avait le droit, et comme elle en a été vivement sollicitée, *la vaine pâture, le parcours, les communaux, les échanges forcés, les transhumances et les modes des cultures;* parce qu'elle a senti que ce serait sans utilité, et peut-être même avec des dangers, troubler la vie paisible des habitans des campagnes, et en même temps intervertir l'ordre habituel des intérêts communs, issus de lois et de coutumes méditées par nos aïeux, pour assurer à toutes fins les subsistances du peuple pauvre, qui, de fait, n'avait pour ressources que les communaux. Comme la France d'ailleurs venait de subir des froissemens dans ses habitudes par la division des grandes provinces en départemens, elle a très-sagement pensé qu'il serait absolument nécessaire de concerter ultérieurement une législation rurale nouvelle pour l'exercice légitime des droits de la propriété, afin d'arriver à de plus justes applications dans chaque localité en raison des climats, des positions des lieux et des terrains (1).

On doit s'étonner maintenant qu'en l'absence d'un code rural, que l'abolition de la féodalité a rendu si

---

(1) Le refus ou le dédain des hommes du gouvernement et des sessions législatives, pour la formation d'un code rural, que la France entière demande en vain depuis quarante ans, est véritablement un déni de justice fait à la nation par ses mandataires; faut-il donc faire observer que le code des seigneurs subsiste encore, et que, dans beaucoup de circonstances, il guide, ou sert de motifs aux juges et aux administrateurs? On se rappelle que M. Lainé, étant ministre de l'intérieur, a déclaré qu'un code rural (après la révolution qui avait bouleversé les coutumes et toute la féodalité) était *inutile!* Si M. Lainé eût aussi bien connu la France que l'île de Saint-Domingue, il ne se fût pas ainsi expliqué; mais son erreur ne justifie pas les hommes de la session qui ont entendu cette fatale et inconsidérée déclaration, qui ne profite qu'aux gens de la chicane, et qui, en outre, laisse des fermens de révolution nouvelle dans le peuple des campagnes.

impérieusement nécessaire, des hommes du ministère et de la science, absolument étrangers à la législation existante de leur propre pays, aient fait abstraction de nos vieilles lois toujours en vigueur, pour innover dans l'art de cultiver, et pour leur substituer des systèmes que l'expérience désavoue ou condamne. La seule différence des climats, des besoins et des territoires, aurait dû retenir du moins l'essor aventureux de certains champions de la théorie agronomique, qui n'ont jamais connu même les élémens généraux de la politique : à peine parmi eux pourrait-on citer des exceptions.

Si on faisait ici l'appel nominal des principaux théoriciens qui, depuis quinze à vingt-cinq ans, ont donné une si grande et vive impression à la question des assolemens, il y aurait quelque honte pour les hommes du gouvernement et pour ceux de la science vraie, de leur avoir prêté secours et appui, pour le plus vain et le plus faux système agronomique qu'on puisse imaginer, et que l'expérience des siècles, l'ordre physique et physiologique repoussent également; mais ils ont déjà tant occupé l'opinion par leurs discours, par leurs écrits et par des solennités successives, en présence même du gouvernement, pour des prix fastueux, qu'il n'est plus permis de se borner à une simple et franche négation des faits et principes qu'ils ont invoqués, et qu'ils invoquent encore avec une telle assurance, que les hommes étrangers à notre agriculture et à nos lois rurales civiles (il y en a tant en France) peuvent en effet supposer aux novateurs ou de la persuasion, ou de grandes et vastes connaissances dans l'art de cultiver; il faut donc se résigner à les suivre dans la carrière qu'ils viennent de s'ouvrir, et à combattre des argumens qui n'ont pas plus de réalités que les conjectures de certains savans sur la topographie de la lune.

L'assolement, selon la théorie, est l'art de faire produire indéfiniment à la terre les plus belles et les plus riches récoltes, et d'en combiner tellement les assortimens et les intercallations dans les ensemencemens, que, tous les ans, à l'aide d'un trait de charrue, le sol se couvre de productions utiles à l'économie.

C'est en partant de cette doctrine, développée par les éloquens discours de M. François de Neufchâteau et par les dissertations de M. Yvart, que la Société d'Agriculture du département de la Seine, séduite ou exaltée, a proclamé à toute voix que l'assolement triennal, suivi jusqu'à ce jour en France, n'était qu'un reste barbare de l'antique féodalité, et la preuve manifeste de l'ignorance dans l'art de cultiver. De son côté, la France entière, s'appuyant sur l'expérience des siècles, a silencieusement opposé à ce manifeste son ancienne législation sur le maintien des soles ou assolemens déterminés par les lois et coutumes, et fortement voulus d'ailleurs jusqu'à ce jour par la volonté spéciale des propriétaires, et même par celle des fermiers de terres arables.

Mais quelle a été l'origine de notre ancienne législation ? C'est l'intérêt vital des peuples des campagnes ; c'est la sage prévoyance d'assurer la continuation de la fertilité du sol, et des ressources qu'il comporte ; c'est encore la constante leçon donnée par l'expérience.

Je n'ai point à défendre la législation qui régit encore les biens fonds, ni de système spécial à opposer à celui que proclame la théorie ; je veux seulement, pour éclairer nos jeunes propriétaires, qui s'occupent ou s'occuperont d'agriculture, et pour guider à toutes fins ceux qui travailleront un jour à un code rural, tâcher de faire connaître, aux uns et aux autres, la marche qui a été suivie dans les siècles antérieurs pour l'ordre des cultures dans le royaume.

Depuis seize siècles au moins les céréales sont devenues de plus en plus la nourriture habituelle, pour ne pas dire exclusive, des hommes des champs toujours soumis au servage et aux bans. Le nombre en était immense sous le triple empire conjuré du clergé, de la féodalité et de la royauté. Voudra-t-on croire aujourd'hui qu'au commencement du dix-huitième, il mourait en France un nombre considérable d'hommes qui n'avaient jamais mangé de pain blanc, de viande de boucherie, ni bu du vin, si ce n'est le jour de leurs noces? voudra-t-on croire même qu'un plus grand nombre encore quittait la vie sans avoir jamais porté de souliers, ce qui prouve du moins que les bestiaux étaient fort rares et très-chers.

Dans ce triste état de choses, on doit penser que les propriétaires fonciers, que les conservateurs de la glèbe nourricière, et que tous les tribunaux, gardiens jurés des droits et des coutumes, avaient le plus grand intérêt à conserver au sol sa fertilité naturelle, puisque de la terre seule dépendait le moyen de faire vivre la population.

A telle époque donc qu'on suppose l'expérience acquise, que la terre constamment labourée et successivement cultivée en blé ne donnait plus que de faibles récoltes, ce qui du reste est une vérité incontestée, il n'en a pas fallu davantage pour faire imposer aux colons ou fermiers la condition de ne jamais dessoler ou dérayer les terres destinées à produire du blé, et l'obligation, sous peine de dommages - intérêts, de suivre l'ordre établi par chaque coutume. C'est bien alors que s'est formé l'assolement triennal, c'est-à-dire de semer la première année du blé, la seconde des grains de mars, et la troisième de laisser la terre en repos ou jachère.

Il est facile de voir que cet ordre d'assolement était d'un intérêt commun et tout vital, puisque le blé était en quelque sorte la seule valeur réelle ou monétaire, et puisque dans les disettes et les famines, alors si fréquentes, le blé procurait de l'or. Telle a été aussi la plus grande cause des richesses des monastères, qui, sans travailler et sans faire aucunes dépenses, accumulaient les blés et les grains des serfs, non compris ceux que leur valaient les pélerinages ou les exercices du culte ; l'assolement des anciens avait donc le but *sacré* d'assurer sur chaque point du territoire la *subsistance du peuple*.

Jusqu'au milieu du dix-septième siècle, il n'avait pas été question de l'avoine, comme deuxième production dans l'assolement triennal, parce qu'alors l'agriculture n'était exercée que par des bœufs, même à trois lieues de Paris. Ce grain d'ailleurs n'était pas nécessaire aux exploitations. Il est même de fait que, depuis longtemps, on ne considérait l'avoine que comme grain de mars ou marseiche; son plus grand emploi au surplus, dans l'économie domestique de nos pères, se réduisait à faire du gruau qui donnait une nourriture très-substantielle, qualité qu'il n'a point perdue et que recommandent les plus grands médecins. L'avoine du reste a joué un rôle singulier et bizarre dans les prestations, dans les hommages de la féodalité et dans les relations des grands; nous ne manquerons pas d'en faire mention dans l'histoire de l'agriculture de ces époques, si nous pouvons y arriver.

A mesure que le cheval a pris autour de la capitale la place et le service du bœuf pour cultiver, et que le luxe et le commerce ont immensément fait accréditer le service du premier, l'avoine, depuis le premier tiers du dix-huitième siècle, s'est trouvée placée sur la même ligne que le blé froment. Cet ordre, dans les pays de grande culture, est une révolution qui mérite une sérieuse attention de la part de ceux qui gouvernent et législativent, si toutefois ils s'occupent du bien-être de la postérité à laquelle, du moins, on devrait être jaloux de transmettre un sol riche et fertile. Quoi qu'il en soit, tant qu'il n'y aura pas de code rural, tant que la législation sur les baux et tant que les clauses comminatoires relatives aux dessolemens ou déraiemens subsisteront, il n'est pas au pouvoir de la science ni du gouvernement de rien faire changer à l'assolement commun. Il est même très-inconvenant que des théoriciens de société agronomique ou d'académie aient osé provoquer aussi publiquement et avec une sorte d'acharnement la violation des contrats et de la législation qui les consacre. C'est encore là une de ces questions qui manifeste ou l'ignorance, ou la complète indifférence des hommes du gouvernement et des sessions législatives pour tout ce qui a rapport à l'agriculture.

La révolution de 1789, il ne faut pas cesser de le dire à ceux qui par vanité, ou par un coupable égoïsme, voudraient remettre la France sous le régime absolu, a fait donner incontinent une face toute nouvelle à la France ; elle en a reçu un grand et noble esprit public qui s'est communiqué, comme par un frottement électrique, à tous les points du territoire. Elle a oublié ses servages et ses misères : elle n'a plus rêvé que bonheur, paix et liberté. La vente des domaines nationaux a été, pour les pauvres paysans, qu'en style politique on nommait *des prolétaires*, ce que le grand jubilé avait été pour les Juifs. Par les facilités qu'on a données pour s'acquitter du prix des ventes, le sentiment de la propriété a aussitôt vibré dans tous les cœurs, et une partie de la glèbe a été soumise immédiatement, comme dans les partages de grandes familles, à des divisions ou morcellemens qui se sont presque aussitôt couverts de moissons dans tous les genres possibles. Les premiers élans vers une juste et sainte liberté se sont fortifiés par l'esprit même de la propriété ; il en est résulté dans le peuple des champs une prompte aisance, et, en même temps, comme conséquence, un ardent amour pour la patrie. On a vu alors partout les peuples des campagnes, et même ceux des villes, improviser des charrues et des attelages ; les simples manouvriers et vignerons, n'ayant les uns qu'une vache, et les autres qu'un âne pour la mercanderie des denrées, les ont mis en quadrige à une même charrue, qui alternativement et par jour traçait, pour quatre petits ménages, des sillons nouveaux destinés à recevoir des grains nourriciers.

La pomme de terre était apparue ; mais elle flattait peu ceux qui donnent le ton ou l'élan à l'opinion ; un seul citoyen de Paris en conçut tous les bienfaits, et il s'en fit l'apôtre. Ses épîtres eurent à soutenir d'abord toutes les railleries des Athéniens ; mais grâce à sa vertueuse persévérance, il avait pu compter, au nombre de ses convertis, Louis XVI et de très-grands seigneurs, les Charost, Larochefoucault, Malesherbes...... Son apostolat, toutefois, n'a pas été sans tribulations ; car il a été ensuite presque accusé d'avoir inventé la pomme de terre ; mais nonobstant les clameurs, à force de petites largesses, il était parvenu à faire comprendre cette solanée parmi les denrées portées aux marchés de la grande cité. Les plus grands seigneurs à l'envi en offraient des mets sur leurs tables. Il est de fait pour l'histoire que la pomme de terre n'a eu d'ennemis persévérans que dans la classe intermédiaire des bourgeois, ou gens des bourgs, qui la décriaient et la permettaient à peine à leurs porcs.

Honneur donc au bon citoyen Parmentier, dont la statue figurerait avec plus de justice sur le pont qui conduit au Corps Législatif national, que celles des Suger ou du cardinal de Richelieu, etc.

On commençait aussi à voir alors quelques prairies artificielles ; mais l'ordre commun des cultures restait toujours le même ; l'abbé Rozier, notre plus célèbre agronome, après Olivier de Serre, n'avait pas même prononcé le mot *assolement* parmi ses préceptes.

Si la question des assolemens était simple, comme celle des jachères ou des prés artificiels, il serait presque inutile de rien ajouter à l'exposé que nous venons de faire de son origine et de la législation qui s'y rapporte ; mais il n'en est pas ainsi malheureusement, car il n'y a jamais eu de question en économie politique qui ait fait écrire tant de gloses et de commentaires. On n'en peut douter, quand on voit M. Yvart, qui avait écrit déjà de très-longs articles sur les jachères et les assolemens, introduire d'autorité, dans le dictionnaire Detterville, un volume composé de 592 pages en petit-texte, sur le mot *successions des cultures*, dans lequel on compte jusqu'à 172 sortes de plantes de tous les climats et de toutes les régions, croyant ainsi, a-t-il dit, compléter la doctrine des assolemens. La Société d'agriculture du département de la Seine et des théoriciens de l'Académie des sciences ont donné à cette nouvelle doctrine un assentiment formel et public, et ils se sont en quelque sorte lignés pour en soutenir les applications et les généraliser.

Il est de fait, malheureusement encore, que l'opinion d'un grand nombre d'agronomes, et surtout que celle des amateurs, est par suite restée frappée de la nécessité ou de l'utilité de se composer des assolemens ; ce que M. Yvart, par une expression grotesque, appelait la clef du coffre. Ils sont tous partis du point de fait, que la terre culte n'était qu'une matrice apte ou commune à toutes les productions, et qu'il suffisait seulement de savoir la disposer à devenir féconde pour chacune d'elles. A peine ont-ils daigné faire des exceptions à cause des climats et des terrains, tant ils auraient craint de faire des concessions et de porter atteinte à leur système qu'ils généralisent encore ; ils ont d'autant moins cédé, que, dans son Art encyclopédique, M. Yvart a indiqué tous les moyens de corriger les excès de température, d'amender les terrains les plus ingrats, et de porter à volonté les assolemens sur les monts, dans les vallées ou dans les plaines.

Notre gouvernement, toujours pauvre en Sullys, en Turgots, en Malesherbes, s'est bien gardé de contrarier la doctrine annoncée, et peut-être même de douter des effets que des hommes réputés savans certifiaient, en se fondant, d'une part, sur une agriculture perfectionnée, et de l'autre sur l'abolition absolue des jachères, dont la conséquence était pour eux en définitive une plus grande abondance de blés et de denrées.

Le cadastre parcellaire, vivement accéléré dans son exécution par le ministre des finances, M. Gaudin, comme une très-heureuse opération pour le fisc, a fait révéler une immense étendue de terrains, qui jusqu'alors avaient échappé à l'impôt par leur stérilité et par l'abandon des propriétaires ; mais les cadastriers, plus rigoureux que les anciens répartiteurs, ont intrépidement, ou par ordre, mis en état d'impôt annuel nos steppes et les plus petites parcelles de terres, pour lesquelles il ne devait pas y avoir la moindre souffrance géométrique : c'est ainsi que le fisc impérial a su faire battre monnaie aux dépens de l'agriculture la plus pauvre. Il serait digne du gouvernement constitutionnel du roi de corriger ou de réprouver ces excès, et d'ordonner enfin un cadastre dans le sens et l'esprit de l'immortelle assemblée constituante. Qu'ils sachent bien, tous ceux qui participent à la législature, qu'il est urgent d'entreprendre un autre cadastre qui se concilie avec les finances de l'État et qui permette aux propriétaires des améliorations que les catégories du cadastre parcellaire ont tout à coup fait arrêter et qu'elles arrêtent encore.

Malgré tant de choses dites dans les œuvres de la théorie et par ses échos, sur les assolemens, on est loin d'en connaître les modes et la doctrine. Qu'on demande en effet aux habitans des Hautes et Basses-Alpes ce qu'ils entendent par un bon assolement ? leur réponse n'aura rien de commun avec celle que pourraient faire ceux du Cher ou de la Charente. Que la même question soit faite aux pays de la grande culture : la réponse ou l'explication que pourraient donner les agriculteurs du Vexin ne serait point en rapport avec celle des fermiers ou propriétaires de la Beauce. Dans les pays de petite culture, les bourgeois et métayers de l'Allier et de la Creuse s'exprimeraient tout autrement que ceux des Deux-Sèvres ou de la Sarthe.

Ces différences dans la manière de voir et de juger la doctrine des assolemens tiennent déjà pour les principes à l'influence du climat, à la nature du terrain, aux sites, aux abris, et peut-être plus encore aux débouchés des productions. Elles tiennent encore aux positions de chaque contrée, soit auprès des mers ou des fleuves, soit auprès des grandes villes d'où partent les commandes des denrées ou des matières premières que met en œuvre l'industrie et que le commerce accrédite. Qu'on fasse enfin la même question aux communes des environs de Paris, où il y a un si grand foyer de consommation de choses alimentaires fournies par les cultures, et un vaste foyer pour l'industrie, on peut affirmer que celles d'Argenteuil et de Saint-Ouen, etc., s'expliqueraient différemment que celles de Montreuil et de Vitry. La force des choses enfin, sous le rapport des réalités virtuelles de la terre, porte à mettre en fait que le même assolement qui pourrait convenir au nord d'Argenteuil serait abusif au midi de cette commune.

On peut apprécier déjà la sagesse ou le mérite des manifestes de la théorie sur les assolemens, quand on la voit en faire l'application à tous les climats, à tous les pays et à tous les terrains ; à la grande culture comme à la petite, aux contrées granitiques comme aux calcaires, aux terrains argileux comme aux sablonneux, aux départemens maritimes comme à ceux du centre, etc. Tant de choses ont été dites sur ce sujet, il y a eu tant d'assertions mensongères et une si grande divagation dans les applications, qu'il est indispensable d'en suivre du moins les principales traces.

Commençons nous-mêmes par définir un assolement.

Dans les pays de grande culture (1), c'est l'art de faire produire à la terre culte la plus grande et constante quantité de bon blé froment, et de faire suivre (malheureusement) cette récolte par celle de l'avoine, en y laissant la terre se reposer la troisième année, sauf quelques exceptions pour les besoins des ménages domestiques, et pour lesquels l'abondance du fumier compense largement la dernière absorption des sucs nutritifs.

Dans les pays de petite culture, l'assolement pour les céréales se réduit à quelques arpens pour la nourriture des familles fixées dans chaque domaine. Dans

---

(1) Le sol des pays, dits de grande culture, est en général argileux, et partout avec des modifications calcaires ou schisteuses. Cette composition est précieuse pour la fertilité ; sa consistance a plus d'adhésion ; elle retient l'eau plus long-temps, résiste mieux aux sécheresses et aux intempéries ; selon M. de Humboldt, elle attire et fixe mieux l'oxigène, sans lequel il n'y a point d'acide carbonique. L'humus s'y forme plus lentement, mais il est plus durable. Thaër, de son côté, préfère un sol argileux, en ce que les racines du blé, s'enfonçant moins, se fixent davantage à la couche de l'humus.

Tel est à peu près le sol des pays à grande culture.

ceux où on élève des chevaux, l'avoine y succède aussi au blé; mais toujours la troisième année reste en jachères pour être mise en labours consécutifs; quand la dernière récolte vient à faillir, on en met le sol en jachère pacagère, et de suite on défriche une autre partie qui était tenue en pâturage vif.

Dans le plus grand nombre des pays à petite culture, il est d'usage qu'un domaine composé de 80 à 100 arpens ait dans le voisinage contigu une borderie, une closerie, une bastide ou manœuvrerie dans laquelle demeure également une famille qui n'est occupée, exclusivement qu'à élever et nourrir des bestiaux. Là, il n'y a point de charrue : c'est le fermier ou métayer principal qui est tenu de faire les labours et ensemencemens du petit domaine. Le bordier ou bastidier est, avec le maître, à moitié perte et profit pour tout ce qu'il élève ou nourrit, même pour les abeilles, les porcs, et quelquefois pour la volaille : les coutumes encore ont reconnu ce mode agricole et ses conditions.

Dans ces petits domaines cependant, il y a des récoltes que le maître ne partage pas, telles que celles du chanvre, du lin, et en général de tous les légumes qui se cultivent à bras. Les conventions de ces sortes de baux sont presque toutes verbales et diffèrent au gré du maître; la durée suit celle des baux pour le domaine principal, c'est-à-dire qu'elle est de trois, six ou neuf années. C'est encore la coutume qui détermine les formules d'interruption : dans aucun cas le bail n'excède neuf ans, car alors le fisc peut intervenir. Dans les fâcheries de la Provence, où règne plus absolument le droit romain, il suffit qu'un maître se fâche contre le tenant de son domaine, pour que celui-ci en déguerpisse aussitôt après la récolte (1).

Le blé froment occupe rarement les agriculteurs de plusieurs pays à petite culture; tels sont ceux où le maïs forme la principale nourriture : tels sont encore les pays granitiques, où on ne cultive que le seigle et le blé noir ; dans les uns et les autres la culture du froment n'a lieu que par exception.

On pourrait croire que la théorie, qui embrasse tout le système agricole des pays de grande culture, aura imposé un même nombre d'années et de cultures spéciales pour revenir à la culture du blé froment, partout du moins où il y a identité dans la composition du sol; mais il n'en est point ainsi, car elle varie et laisse au libre arbitre du cultivateur le choix des plantes à sarcler, depuis la *buniade orientale* jusqu'au *phormium textile* (M. Yvart). Cette latitude si vaste et si hétérogène manifeste bien que la théorie, en pareil cas, n'a voulu offrir qu'une marque d'érudition dans le règne végétal. Les amateurs, de leur côté, partageant le système de l'abolition des jachères, n'ont pas davantage d'idées arrêtées pour le retour périodique à la culture du froment ; car les uns l'étendent à cinq, sept, dix, quinze et dix-huit ans.

Dans ses dernières déclarations d'office, la théorie semble s'en tenir enfin à un assolement *quadriennal;*

---

(1) Les baux, chez les Romains, étaient de cinq ans, mais les colons étaient tous les ans congéables : *Solent verò et hi agri accipere per singula lustra, at mancipem, annuâ conductione.*

Hyg. de Limitib.

il en résulte que dans un bail de neuf ans, il n'y aurait que deux récoltes de blé froment ; mais comment concilier cette quadrature avec la culture de l'avoine, qui est de nécessité partout où l'agriculture est exercée par les chevaux, et qui d'ailleurs est souvent plus productive et toujours plus facile à vendre que le blé même. La théorie ainsi ne reconnaît pas la législation existante, qui divise les baux par trois, six ou neuf années. Elle n'a point fait attention encore qu'en réduisant par système les années de culture du froment, elle compromet l'approvisionnement de la capitale ; car si, d'après le système de M. Yvart, l'oracle de la Société d'agriculture, et membre de l'Académie des sciences, on ne doit cultiver le blé que tous les quatre ans, et qu'à la quatrième il survienne une intempérie générale, comme en 1816, le blé peut devenir très-cher, causer des disettes et même une famine. Quelle ressource supplétive trouverait-on dans les plantes sarclées ? serait-ce dans la pomme de terre ? Il faut sans doute en bénir les bienfaits, mais elle ne peut suppléer à la panification du froment. Serait-ce dans la série des menus grains et des plantes légumières ? mais ils seraient loin de satisfaire des exigences qui ne demandent pas des raisons, mais du pain.

La théorie s'est consolée de son discrédit sur la suppression des jachères, en offrant par compensation les défrichemens des trèfles et luzernes ; mais je crois avoir prouvé déjà que, loin de favoriser la fécondité de la terre, les prés artificiels en altèrent visiblement les sucs nutritifs, qu'ils concourent infiniment peu à l'humus, et qu'ils nuisent conséquemment à la végétation du blé froment, qui partout demande une terre substantielle, bien amendée et préparée par les labours. La théorie s'abuse au point que, sans s'occuper même des engrais, elle se borne à ne conseiller qu'un seul labour sur le défrichement d'un trèfle ou d'une luzerne.

Il a été fort heureux que les fermiers de la grande culture n'aient pas suivi les conseils des théoriciens de Paris, et surtout qu'ils n'aient pas discontinué de donner le même nombre de labours à leurs jachères. Où en serions - nous si le gouvernement, crédule ou confiant, et cédant à leurs téméraires citations, avait frappé d'impôts ou de proscriptions, comme ils l'ont si souvent insinué, les terrains laissés en friche ou jachères?

Il n'est que trop vrai que depuis 1792 les ministres qui ont apparu sur la scène du gouvernement ont été tous étrangers à l'influence de l'agriculture sur la fortune publique. Autrefois les parlemens possédaient un grand nombre d'hommes qui s'occupaient de la culture de leurs terres, et qui formaient une juste opposition raisonnée aux entreprises du fisc ou à celles des hommes de la cour. On remarque avec peine que les fils de ceux qui siégeaient aux parlemens affectent aujourd'hui de s'isoler des intérêts nationaux, et de former une catégorie à part pour posséder exclusivement les hautes fonctions du gouvernement, en éliminant ceux que des talens et des vertus ont signalés depuis la révolution, et même depuis la restauration ; mais c'est avec peine que je fais observer que les plus indifférens et les plus ineptes, en fait d'agriculture, ont été incontestablement ceux de la restauration. On serait en vérité tenté de croire à quelque arrière-pensée, afin d'en venir à un autre ordre de gouvernement ; qui pourrait s'en défendre en pensant à M. de Corbière ?

La France, par sa position topographique, par l'extrême variété de ses terrains, par les zones multipliées et distinctes qu'y forment les monts, les bassins des fleuves et les bords maritimes sur deux mers, est un pays unique peut-être sur le globe. Son régime diététique y est à peu près commun, c'est-à-dire exclusivement fondé sur les céréales, en comprenant sous ce titre le blé noir, le maïs et le mil. Le commerce et l'industrie y font changer d'ailleurs tous les ans une foule de productions qu'on obtient par les cultures.

L'existence de la capitale, dont la population progressive est déjà même effrayante pour un avenir prochain, doit sérieusement préoccuper dès ce moment les hommes du gouvernement sur les conséquences de la mise en action d'un bon système d'agriculture. Ils doivent considérer qu'à mesure que les individus des départemens affluent à Paris, ils lui imposent, en raison de leur nombre, l'obligation d'étendre ou de perfectionner la grande culture ; ils doivent réfléchir encore qu'une foule considérable d'étrangers s'y fixent ; ils ont donc le plus grand intérêt à veiller aux subsistances publiques, à en assurer à tout prix les approvisionnemens, sous peine d'un bouleversement général, dont les réactions se feraient sentir jusqu'aux extrémités du royaume ; ce n'est point là une de ces vaines appréhensions qu'on est si prompt à qualifier de rêves. C'est une conséquence forcée ou absolue de tous les mouvemens populaires qui ont pour cause des alarmes sur les blés.

Mais pour qu'un gouvernement jette ses lignes d'à

plomb, pour qu'il sache bien ses ressources propres, il faudrait d'abord choisir des hommes qui connussent la France, et qu'ils ne changeassent pas de scène, comme des officiers changent de garnison. Qu'il se persuade bien que la tranquillité publique à Paris dépend absolument du maintien du système de la grande culture. Rome s'est perdue pour avoir négligé l'agriculture de son territoire propre. Londres aujourd'hui est livrée à des angoisses continuelles, parce que son gouvernement, depuis trop long-temps, n'a point proportionné son agriculture à la population de sa capitale et de ses villes; il paraît enfin désabusé sur les secours effectifs qu'il chercherait dans sa marine (*décuple* de la nôtre); c'est pourtant à une telle ressource qu'a eu recours M. Lainé, ministre de l'intérieur, lors de la disette de 1817. Ce serait s'abuser encore de compter sur les secours des autres départemens; car, dès qu'il y a une alarme sur ce sujet, elle est bientôt générale : rappelons-nous qu'en 1829, la loi si sage de la liberté du commerce des grains a été violée par émeutes dans des départemens du centre.

Il y a donc plus que de la témérité, ou un excès fâcheux de zèle ou d'amour-propre, à tenter par système des innovations qui feraient intervertir l'ordre des cultures autour de Paris. Quelle balance de compensation en effet pourrait résulter de l'abondance des denrées obtenues par les plantes sarclées, de l'invention des François de Neufchâteau et des Yvart ? Si on veut y réfléchir, on se convaincra que l'existence de Paris tient, dans toute la force du mot, au maintien du système actuel dans les pays dits de grande culture, et au mode d'assolement que partout les bons fermiers suivent irrévocablement pour l'ordre des jachères et des labours de nécessité.

Dans les pays de petite culture, du moins, quand il y a disette, la population trouve une infinité de ressources supplétives dans les menus grains, dans les légumes, le laitage, et, selon les lieux, dans les blés noirs, le maïs, les millets, les châtaignes, les pommes de terre, etc. Mais toutes ces choses, fort effectives dans les pays à métairies, ne peuvent être admises pour la capitale, où les habitans, sous le même toit, vivent isolés, et où le peuple ouvrier est accoutumé depuis long-temps à trouver tout prêt un très-bon pain et à meilleur prix que dans aucune autre ville.

. Il ne peut y avoir pour la France un système général d'assolement ; on ne pourrait y en assigner un seul ordre commun. Dans la petite culture, il y a intérêt à élever des bestiaux sans nuire aux céréales ; les agriculteurs peuvent varier pour les espèces et pour des cultures industrielles. Dans la grande, au contraire, l'intérêt des fermiers est de continuer leur mode de culture ; mais on ne peut exiger d'eux qu'ils se ruinent à faire produire du blé.

Le gouvernement lui-même, puisqu'il a laissé déborder les anciennes limites que celui de Louis XV avait signalées contre l'agrandissement de la capitale, et dont on voit encore au nord une inscription, a le plus grand intérêt, dans son économie, dans sa propre sûreté et celle du trône, à soutenir la cause des fermiers exploitans ; il doit même tenir chaque année des fonds de réserve pour indemniser ceux qui sont frappés d'intempéries et pour y maintenir un prix commun qui ne les décourage pas ; car, s'ils travaillent pour eux-mêmes, ils travaillent aussi pour la capitale de laquelle dépend, quoi qu'on en dise, la paix publique de la France. Cette pensée, bien entendue et exécutée, pourrait valoir des millions dans des années comme celles de 1816 et 1829; et pour s'en convaincre, il suffit de penser aux millions dépensés si abusivement en 1817 par les prétendus secours de la navigation maritime (1).

Dans tous les assolemens, les novateurs mettent la pomme de terre au premier rang des plantes à succéder au blé ou à l'avoine ; ce fait seul démontre combien ces grands précepteurs d'agriculture , si bien choyés et payés par le gouvernement, sont étrangers à la pratique et à l'observation ; ils devraient savoir que cette plante met à vive contribution le sol qu'on lui livre.

Nulle plante en effet n'absorbe aussi activement les sucs nutritifs propres aux céréales ; nulle plante encore ne recèle autant d'énergie et de virtualité dans sa végétation ; dans ses nœuds , ses tiges et même ses feuilles , elle tient ou donne des germes et des tubercules ; elle attire éminemment et fixe sur elle la rosée et l'hydrogène ambiant. Faut-il même s'en étonner quand, confiée à un sol fécond, on la voit élancer une ample et vigoureuse végétation, quand elle a elle - même pour destination de former à ses racines de nombreux et gros. tubercules et d'élever des tiges aux sommités desquelles se trouvent en outre des graines de reproduction ou de régénération. Il faut donc n'avoir jamais cultivé pour ne pas reconnaître qu'une telle plante ne

---

(1) *Voyez* le rapport fait par M. de Launai à la Chambre des Députés.

peut entrer en ligne d'un assolement ; la faire d'ailleurs succéder au blé ou à l'avoine, c'est lui nuire ; car la pomme de terre, en général, demande un sol riche et autant que possible un sol vierge, et hors ce cas (par un défrichement), une abondante fumure provenant des étables.

La théorie pour les assolemens s'est appuyée sur l'agriculture anglaise ; mais il y a bien moins qu'en France un ordre régulier dans les cultures, car dans le dernier recensement on y comptait encore 3,000,000 d'acres de vieux prés que M. Yvart, chez nous, conseille de vendre ou de défricher, comme il s'en est expliqué relativement à M. d'Agier.

A Genève, M. Pictet, en 1800, a reconnu que la pomme de terre nuisait à la récolte du blé.

A Hoffwil, on fume simplement le sol où on met les pommes de terre, l'année d'après on y sème du blé : mais ce n'est point là qu'il faut chercher un bon système d'agriculture pratique.

En Piémont, le maïs commence, après vient le trèfle, et le blé ensuite.

A Florence, les semis du blé n'ont lieu que tous les sept ans ; dès que la moisson en est faite, on met le sol en pâturage vif : l'agriculture n'y est exercée que par les bœufs ; on y donne jusqu'à sept labours aux jachères ; nulle part en Italie il ne se récolte de plus beau blé, nulle part aussi il n'y a de meilleurs pâturages.

A Bologne, le maïs, le chanvre et le froment occupent presque tout le sol culte : les cultures s'y font aussi par des bœufs. Les blés y sont semés sur des planches bombées ; les domaines y sont divisés par lots de 20 à 25 arpens, on y suit le système des métairies :

Persetto mezadria. Tous les ans, au mois d'août, le maître peut renvoyer ses colons, ou ces derniers peuvent changer de maîtres. Le chanvre en fait la principale production ; il s'y élève jusqu'à vingt et vingt-cinq pieds ; on le sarcle tous les ans ; mais il n'en vaut pas moins cinq à six millions au Bolonois.

En Allemagne, l'assolement varie depuis trois jusqu'à dix ans. Thaër y admet le pâturage vif, et il préfère pour la fertilisation une jachère herbeuse à une fumure ordinaire.

Dans le reste de l'Allemagne, l'assolement triennal domine ; une partie admet le trèfle, l'autre repousse les pois, comme trop épuisans.

Dans la Campine, souvent citée en modèle, le fond de la culture est pour le blé noir et pour le lin ; on y amende le sol par des semis de genêts. Ce pays prospère au surplus depuis qu'il s'est défendu des coups de vent et des froids du nord par des plantations de sapins qu'on y jardine, et par des haies boisées.

Dans le système commun des cultures en France, il n'y a vraiment d'assolement régulier que dans les pays de grande culture, où dominent impérieusement et successivement le froment et l'avoine.

Dans les pays de petite culture, la plus grande étendue du sol y est mise en pâturage vif. Cet ordre commun toutefois a des exceptions ; ainsi, dans les sols calcaires du Lot, de la Dordogne, de la Garonne, le fond de la culture se rapporte au maïs, sans exclure le blé noir, le seigle et la pomme de terre.

Toulouse et Montauban font deux grandes exceptions, l'une par la richesse de ses cultures variées et dans la plaine la plus fertile peut-être de tout le midi ; l'autre par l'éminente qualité du blé froment de son territoire, connu sous le nom de *minot,* la seule farine de froment, quoi qu'on en puisse dire, qui conserve ses qualités pendant les plus longs trajets sur les mers.

A Bordeaux, l'agriculture est riche dans les sols d'alluvions ; mais hors de ces lieux, le pâturage vif y est en vigueur, et du reste l'aspect de la Guienne est celui d'une petite culture.

Dans la Provence, la culture du blé froment occupe la moindre étendue ; le maïs et maintes autres plantes utiles à l'industrie y sont en concurrence. Le sol y est partagé en petites fractions, et toute l'agriculture céréale y est exercée par des colons amovibles à volonté.

Dans le Dauphiné, la vallée de Gresivaudan, déjà renommée par sa fertilité sous les Romains, l'est encore aujourd'hui par sa culture et surtout par son chanvre, dont la végétation est conduite à l'inverse de celle de Bologne : le maïs, le seigle, le blé noir y sont annuellement cultivés.

Dans l'Auvergne, la Limagne fait exception par sa culture ; on veut même qu'elle ait beaucoup perdu de sa fertilité première ; il ne faudrait pas pourtant la juger d'après M. Ramond, qui n'était rien moins qu'un agriculteur, quoique du conseil d'agriculture avec les Tessier et compagnie. Dans les autres parties de l'Auvergne, on cultive le seigle, le blé noir, la pomme de terre ; mais on s'y adonne principalement à élever des bestiaux, tous nourris au pâturage vif.

Dans le Limousin et la Marche, pays tout granitique, le sol est annuellement une partie en pâturage et l'autre en seigle, blé noir, mil et raves. La culture des céréales n'y prospère que sur les défrichemens des jachères herbeuses : c'est au surplus dans le Limousin qu'on voit le plus beau seigle et duquel on fait à Limoges un très-bon pain.

Dans le Berry, le Poitou, l'agriculture languit sous le rapport des céréales, les propriétaires n'y peuvent compter que sur la vente des bestiaux.

L'Angoumois, la Saintonge et l'Aunis produisent peu de blé froment ; on y cultive beaucoup le seigle. L'arrondissement de Confolens en est le plus fertile, il est d'ailleurs renommé par la beauté de ses bœufs.

La Bretagne, par ses domaines congéables, offre une sorte de phénomène législatif, moral et agricole ; si on voulait même en examiner l'origine et le principe, on admirerait la vraie philosophie des anciens Bretons et le caractère des agriculteurs. Les dignes députés de la Bretagne aux états-généraux en exposèrent l'organisation, qui était telle, que les peuples, même après 1789 et 1790, ne désiraient point un autre sort. L'assemblée constituante partagea l'opinion des députés bretons.

On pourrait encore offrir les domaines congéables en modèles pour les systèmes d'amodiation ; si jamais ces lignes que je trace en 1830, et avec une intime persuasion, étaient mises sous les yeux des rois et des princes du nord, qu'ils se fassent rendre compte de cette institution, qu'ils en fassent l'application à leurs pays respectifs ; ils rendront leurs peuples plus heureux, plus riches, et ils en seront eux-mêmes plus forts, plus aimés et plus affermis.

La Basse-Normandie est trop connue pour rappeler ses modes d'assolement ou plutôt d'aménagement ; mais il est nécessaire que la Haute-Normandie modifie ou change même son système d'agriculture, et surtout qu'elle s'abstienne désormais de recevoir ses initiatives de la société d'agriculture de Paris qui ne cesse de l'égarer.

La Picardie se ressent du voisinage de la capitale ; elle a une tendance prononcée pour la culture du froment, et conséquemment pour l'assolement triennal ; il est au surplus remarquable qu'elle est plus docile aux préceptes de M. Tronchon qu'à ceux de M. Yvart, quoiqu'il ait déclaré fièrement que son assolement faisait toujours remplir le coffre.

Nos départemens du nord sont généralement cités en modèle pour leur agriculture ; mais c'est moins pour les céréales que pour les plantes oléagineuses, pour la culture des lins, pour le houblon et aujourd'hui pour la betterave.

Il convient, sur une telle question, de faire observer la docilité de certains amateurs qui prônent encore le système que M. Yvart a expliqué dans son 12ᵉ volume de Detterville ; mais comme ce rappel nous entraînerait hors des bornes voulues pour cette revue, nous ne citerons qu'un seul de ces amateurs, croyant même en cela être agréable à ceux dont nous taisons les noms.

M. Gaujac, de Coulommiers en Brie, partageant toute l'indignation de la Société royale et centrale de Paris contre les jachères, a déclaré à la France, en 1809, qu'il avait entrepris de démontrer la nécessité de l'abolition des jachères, et de donner un mode nouveau d'assolement.

Il apprend qu'il ne sème pas la luzerne, mais qu'il

la *plante;* ainsi traitée, à la troisième année sur deux arpens, il a nourri toute l'année 12 chevaux, pendant six mois 12 vaches, et pendant cinq 150 moutons.

Le sainfoin lui a produit 500 bottes à l'arpent; et il estime beaucoup le *sulla* pour fourrage.

Quatre arpens de *pastel* lui ont donné 1,200 bottes de fourrage.

Le *mélilot* de Sibérie, de *six pieds de haut,* lui a donné 6 à 800 bottes à l'arpent.

Le *bunias,* dont cinq pieds suffisent *au repas d'une vache,* a singulièrement prospéré chez lui.

Un arpent de *julienne* lui a donné *cinq coupes.*

Un arpent de chicorée sauvage lui a donné *quatre* coupes;

Un arpent de patience maritime, *six;*

Un arpent de galéga, *deux;*

Un arpent d'ortie, six.

Des gesses, des vesces et des *pois de senteur,* 400 *bottes* à l'arpent (1).

Il a fait une belle récolte de froment *sans engrais.*

Il a fait consommer en *fourrage vert* huit arpens de sarrasin.

Quatre arpens de fenugrec d'Espagne lui ont donné 600 *bottes* à l'arpent.

Les *lupins* d'Espagne à fleur blanche, 4 à 500 bottes.

L'orge *nue* de *cinq* pieds de haut, 500 bottes.

Il a cultivé l'ers et une vesce dont la tige est fine comme les *cheveux : elle* a servi de fourrage à ses agneaux.

---

(1) Tous les agriculteurs ont admis le trèfle farouch; **M.** de Gaujac le repousse comme trop affamant.

. Il a cultivé l'*astragale*, le *lotier* et les *pois-chiches* pour son monde.

Deux arpens de choux ont produit l'équivalent de 10,000 bottes de fourrage sec.

Trois arpens de pommes de terre lui ont donné 200 setiers.

Il nomme la disette une manne.

Le *pouliot* est la panacée des bêtes à laine.

Il sème tous les ans trente arpens en festuque, en brôme, flouve et houlque.

Enfin il va mettre l'acacia en *pré artificiel*, etc.

Telle est pourtant la ridicule et fausse macédoine qu'a inspirée le désir ou la gloriole d'un prix ; mais s'il est commun de voir des individus sujets à des erreurs et à des faiblesses, on doit gémir d'avoir vu le corps de la Société d'agriculture de Paris accueillir *comme réel* l'amalgame étrange de ce client amateur, et surtout d'avoir proposé à la Société d'encouragement pour l'industrie nationale de lui accorder la grande médaille d'or ; il est même très-affligeant d'avoir vu que la lettre de félicitation de cette société à M. Gaujac ait été signée par MM. Chaptal et Mathieu de Montmorency.

P. S. Je viens de donner mes soins à trois grandes questions, celles des jachères, des prairies artificielles et des assolemens ; questions, dans l'état actuel des choses, de la plus haute importance pour le sort de l'agriculture en France. Ce n'est point l'espoir d'un juste retour aux vrais principes qui m'a guidé et soutenu ; car jamais l'opinion n'a été aussi défavorable aux légitimes progrès de l'industrie agricole ; j'espère encore moins du gouvernement, qui en fait d'agriculture n'accueille et ne paie que les erreurs , et qui fait imprimer à ses frais toutes les rêveries de la Société d'agriculture de Paris, dont les prix seuls signalent, ou des anomalies , ou des utopies inapplicables. Depuis 40 ans, la France entière réclame un code rural, et à aucune époque peut-être, les hommes des sessions législatives n'ont été plus étrangers ou plus indifférens pour notre agriculture.

Il serait difficile de prévoir dans les circonstances actuelles (mai 1830) une époque où la France pourra jouir d'un code rural, quand on voit dans le gouvernement et dans les chambres tant d'attaques et de discordances sur le pacte constitutionnel , et tant de misérables ou coupables initiatives pour faire rebrousser la France au règne de Louis XIV, et pour détruire de fond en comble tout l'édifice de l'assemblée constituante, de laquelle la nation et le trône ont reçu tant de bienfaits, en compensation de la destruction du pouvoir absolu que le législateur de la Charte même a jugé désormais incompatible et odieux à la nation française. R. DE LA BERGERIE.

ANNONCE.

VOYAGE AGRONOMIQUE EN ANGLETERRE , fait en 1829, ou Essai sur les Cultures de ce pays comparées à celles de la France; par *Fr. Philippar*, bot.-cultivateur, membre de plusieurs Sociétés, etc.; avec 20 planches. 1 vol. in-8°. Prix : 6 fr., et 7 fr. 50 c. par la poste. A Paris, chez Rousselon.